U0908708

国家出版基金项目
NATIONAL PUBLICATION FOUNDATION

"十三五"国家重点图书出版规划项目

中华农圣贾思勰与《齐民要术》研究丛书

齊民要術之语言特色研究

刘效武
陈伟华 著

中国农业科学技术出版社

图书在版编目（CIP）数据

《齐民要术》之语言特色研究 / 刘效武，陈伟华著．—北京：中国农业科学技术出版社，2017.7

（中华农圣贾思勰与《齐民要术》研究丛书）

ISBN 978-7-5116-2939-5

Ⅰ.①齐…　Ⅱ.①刘…②陈…　Ⅲ.①农学-中国-北魏②《齐民要术》-研究　Ⅳ.①S-092.392

中国版本图书馆 CIP 数据核字（2017）第 003385 号

责任编辑　闫庆健　李海燕
责任校对　杨丁庆

出 版 者　中国农业科学技术出版社
北京市中关村南大街 12 号　邮编：100081
电　　话　(010)82106632(编辑室)　(010)82109704(发行部)
(010)82109709(读者服务部)
传　　真　(010)82106625
网　　址　http://www.castp.cn
经 销 者　各地新华书店
印 刷 者　北京科信印刷有限公司
开　　本　710 mm×1 000 mm　1/16
印　　张　8
字　　数　150 千字
版　　次　2017 年 7 月第 1 版　2017 年 7 月第 1 次印刷
定　　价　26.00 元

著者简历

刘效武， 1944 年 7 月生，山东寿光人。山东省特级教师、寿光一中语文高级讲师、“曾宪梓教育基金会中师教师奖”获得者，1991 年被评为全国自学成才先进个人。1962 年参教，长期执教于原籍中小学及寿光教师进修学校、寿光师范学校、潍坊电大寿光分校，曾任上述三校副校长、校长 16 年。教育教学与学校管理之余，积极参加学术活动，被聘为山东师范教育学会顾问，被选为山东省语言学会理事，中国华东修辞学会理事，被中国语文现代化学会吸收为会员。2000 年被省社科联表彰为山东省优秀学会工作者。

出版语言与教育类著述《常用词语类编》《中学生读写词语类辑》《小学德育教程》《小学新教师必读》《教育教学探微》《护花春泥——忆名师之教诲》；2006 年退休后，投入乡梓文化历史研究，参编《潍坊文化通鉴》，率先采写以新时期县委书记为榜样的传记文学——《伯祥书记》。因景仰乡贤农圣贾思勰，加入寿光市齐民要术研究会，连续发表论文《从〈齐民要术〉用词特点看寿光方言的历史传承》《〈齐民要术〉农学思想对现代农业的启示》等。2011 年被选为寿光市齐民要术研究会会长及省农史学会理事后，主持编纂《贾思勰与〈齐民要术〉研究论集》，创办贾学研究成果展室，主编《贾学探研》学术专刊，组织骨干会员为 2015 年意大利米兰世博会中国农史馆提供“贾学”大农业元素材料。2009 年，其家庭还被授予“山东省百佳书香人家”荣誉称号。

陈伟华， 1962年2月生，山东寿光人。大学学历，中学高级教师，曾任寿光五中副校长。山东省中学语文研究会会员，寿光诗词楹联学会会员，寿光市齐民要术研究会理事，1984年至1989年任寿光县第九届、第十届人大代表。自1992年开始，先后在《语文教学参考》《潍坊日报》《潍坊晚报》《寿光日报》发表论文、散文30多篇，参与编写《小学课本古诗词赏析》、校本教材《母校荣光》等。1988年获省教育厅、团省委“奋飞之鹰”优秀组织奖，1997年获“潍坊市优秀教师”荣誉称号。

中华农圣贾思勰与《齐民要术》研究丛书

编撰委员会

主　　编　李昌武　刘效武

副 主 编　薛彦斌　李兴军　孙有华

编　　委（按姓氏笔画为序）

于建慧　王　朋　王红杰　王金栋　王思文　王继林
王敬礼　朱在军　朱振华　刘　曦　刘子祥　刘长政
刘玉昌　刘玉祥　刘金同　孙仲春　孙安源　杨志强
杨现昌　杨维国　李美芹　李冠桥　李桂华　李海燕
宋峰泉　张子泉　张凤彩　张砚祥　张恩荣　张照松
陈伟华　邵世磊　林聚家　国乃全　周衍庆　郎德山
赵世龙　胡立业　胡国庆　信俊仁　信善林　耿玉芳
夏光顺　柴立平　郭龙文　黄　朝　黄本东　崔永峰
崔改泵　葛汝凤　葛怀圣　董宜顺　董绳民　焦方增
舒　安　蔡英明　魏华中

校　　订　王冠三　魏道揆　刘东阜　侯如章

学术顾问组织

中国科学院

中国农业科学院

中国农业历史学会

中华农业文明研究院

中国农业历史文化研究中心

农业部农村经济研究中心

山东省农业科学院

山东省农业历史学会

序 一

《齐民要术》是我国现存最早、最完整的一部古代综合性农学巨著，在中国传统农学发展史上是一个重要的里程碑，在世界农业科技史上也占有非常重要的地位。

《齐民要术》共10卷，92篇，11万多字。全书“起自耕农，终于醯醢，资生之业，靡不毕书”，规模巨大，体系完整，系统地总结了公元6世纪以前黄河中下游旱作地区农作物的栽培技术、蔬菜作物的栽培技术、果树林木的栽培技术、畜禽渔业的养殖技术以及农产品加工与贮藏、野生植物经济利用等方面的知识，是当时我国最全面、系统的一部农业科技知识集成，被誉为中国古代第一部“农业百科全书”。

《齐民要术》研究会组织包括高校科研人员、地方技术专家等20多人在内的精干力量，凝心聚力，勇担重任，经过三年多的辛勤工作，完成了这套近400万字的《中华农圣贾思勰与〈齐民要术〉研究丛书》。该《丛书》共三辑15册，体例庞大，内容丰富，观点新颖，逻辑严密，既有贾思勰里籍考证、《齐民要术》成书背景及版本的研究，又有贾思勰农学思想、《齐民要术》所涉及农林牧渔副等各业与当今农业发展相结合等方面的研究创新。这些研究成果与我国农业当前面临问题和发展的关系密切，既能为现代农业发展提供一些思路和有益参考，又很好地丰富了传统农学文化研究的一些空白，可喜可贺。可以说，这是国内贾思勰与《齐民要术》研究领域的一部集大成之作，对传承创新我国传统农耕文化，服务现代农业发展将发挥积极的推动作用。

《中华农圣贾思勰与〈齐民要术〉研究丛书》能得到国家出版基金资助，列入“十三五”国家重点图书出版规划项目，进一步证明了该《丛书》的学术价值与应用价值。希望该《丛书》的出版能够推动《齐民要术》的研究迈上新台阶；为推进现代农业生态文明建设，实现农业的可持续发展提供有益的借鉴；为传承和弘扬中华优秀传统文化，展现中华民族的精神文化瑰宝，提升中国的文化软实力发挥作用。

中国工程院副院长
中国工程院院士

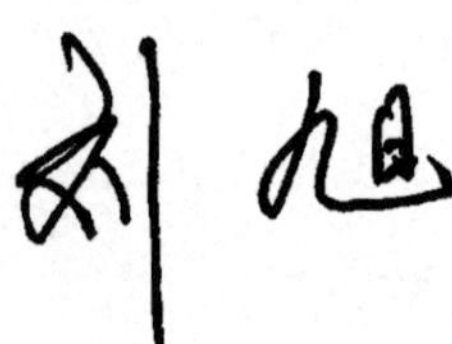

2017 年 4 月

序 二

中国是世界四大文明古国之一，也是世界第一农业大国。我国用不到世界9%的耕地，养活了世界21%的人口，这是举世瞩目的巨大成绩，赢得世人的一致称赞。对于我国来说，“食为政首”“民以食为先”，解决人的温饱是最大问题，也是我国的特殊国情，所以，从帝制社会开始，历朝历代，都重视农业，把农业作为“资生之业”，同时又将农业技术的改良、品种的选优等放在发展农业的优先位置，这方面的成就是为世界公认的，并作为学习的榜样。

中华农圣贾思勰所撰农学巨著《齐民要术》，是每位农史研究者必读书目，在国内外影响极大，有很多学者把它称为“中国古代农业的百科全书”。英国著名科学家达尔文撰写《物种起源》时，也强调其重要性，在有些篇章有些字句里面，也引用了《齐民要术》和中国农书的一些重要成果，对它给予充分肯定。研究中国农业，《齐民要术》是一座绕不开的丰碑。《齐民要术》是古代完整的、全面的农业著作，内容相当丰富，从以下几方面，可以看出贾思勰的历史功绩。

在农作物的栽培技术方面，他详细记叙了轮作与间作套种方法。原始农业恢复地力的方法是休闲，后来进步成换茬轮作，避免在同一块地里连续种植同一作物所引起的养分缺乏和病虫害加重而使产量下降。在这方面，《齐民要术》记述了20多种轮作方法，其中最先进的是将豆科作物纳入轮作周期。在当时能认识到豆科植物有提高土壤肥力的作用，是农业上很大的进步，这要比英国的绿肥轮作制（诺福克轮作制）早1 200多年。间作套种是充分利用光能和地力的增产措施，《齐民要术》记述着十几种做法，这反映了当时间作套种技术的成就。

对作物播种前种子的处理，提出了泥水选种、盐水选种、附子拌种、雪水浸种等方法，这都是科学的创见。特别是雪水浸种，以“雪是五谷之精”提出观点，事实上，雪水中重水含量少，能促进动植物的新陈代谢（重水是氢的同位素重氢和氧化合成的水，对生物体的生长发育有抑制作用），科学实验证明，在温室中用雪水浇灌，可使黄瓜、萝卜增产两成以上。这说明在1 400多年前劳动人民已从实践中觉察到雪水和普通水的不同作用，实为重要的发现。在《收种第二》篇中，对选种育种更有一整套合乎科学道理的方法："粟、黍、穄、粱、秫，常岁岁别收，选好穗纯色者，劁刈高悬之，至春治取，别种，以拟明年种子。其别种种子，常须加锄。先治而别埋，还以所治蘘草蔽窖。不尔，必有为杂之患。"这里所说的，就是我们沿用至今的田间选种、单独播种、单独收藏、加工管理的方法。

《齐民要术》记载了我国丰富的粮食作物品种资源。粟的品种97个，黍12个，穄6个，粱4个，秫6个，小麦8个，水稻36个（其中糯稻11个）。贾思勰根据品种特性，分类加以命名。他对品种的命名采用三种方式：一是以培育人命名，如"魏爽黄""李浴黄"等；二是"观形立名"，如高秆、矮秆、有芒、无芒等；三是"会义为称"，即据品种的生理特性如耐水、抗虫、早熟等命名。他归纳的这三种命名方式，直到现在还在使用。

在蔬菜作物的栽培技术方面，成就斐然。《齐民要术》第15~29篇都是讲的蔬菜栽培。所提到的蔬菜种类达30多种，其中约20种现在仍在继续栽培，寿光市现在之所以蔬菜品种多、技术好、质量高，与此不无传承关系。《齐民要术》在《种瓜第十四》篇中，提到种瓜"大豆起土法"，这是在种瓜时先用锄将地面上的干土除去，再开一个碗口大的土坑，在坑里向阳一边放4颗瓜子、3颗大豆，大豆吸水后膨胀，子叶顶土而出，瓜子的幼芽就乘势省力地跟着出土，待瓜苗长出几片真叶，再将豆苗掐断，使断口上流出的水汁，湿润瓜苗附近的土壤，这种办法，在20世纪60—70年代还被某外国农业杂志当作创新经验介绍，殊不知贾思勰在1 400年前就已经发现并总结入书了。又如，从《种韭第二十二》篇可以看出，当时的菜农已经懂得韭菜的"跳根"现象，而采取"畦欲极深"和及时培土的措施来延长采割寿命。这说明那时的贾思勰对韭菜新生鳞茎的生物学特点已经有所认识。再如，对韭菜新陈种籽的鉴别，采用了"微煮催芽法"来检验，"微煮"二字非常重要，这一方法延续到现在。

在果树栽培方面，《齐民要术》写到的品种达30多种。这些果树资料，对世界各国果树的发展起过重要作用。如苏联的植物育种家米丘林和美国、加拿大的植物育种家培育的寒带苹果，都是用《齐民要术》中提到的海棠果作亲本培育成功的。在果树的繁殖上贾思勰记载了数种嫁接技术。为使果类增产，他还提出“嫁枣”（敲打枝干）、疏花的措施，以减少养分的虚耗，促多坐果，这是很有见地的。

在养殖业方面，《齐民要术》从大小牲畜到各种鱼类几乎都有涉猎，记之甚详，特别大篇幅强调了马的饲养。从养马、相马、驯马、医马到定向选育、培育良种都作了科学的论述，现在世界各国的养马业，都继承了这些理论和方法，不过更有所提高和发展罢了。

在农产品的深加工方面，记述的餐饮制品从酒、酱到菜肴、面食等，多达数百种，制作和烹饪方法多达20余种，都体现了较高的科技水平。在《造神曲并酒第六十四》篇中的造麦曲法和《笨曲并酒第六十六》篇中的三九酒法，记载着连续投料使霉菌得到深层培养，以提高酒精浓度和质量的工艺，这在我国酿酒史上具有重要意义。

贾思勰除了在农业科学技术方面有重大成就外，还在生物学上有所发现。如对植物种间相互抑制或促进的认识和利用以及对生物遗传性、变异性和人工选择的认识和利用等。达尔文《物种起源》第一章《家养状况下的变异》中提到，曾见过“一部中国古代的百科全书”，清楚地记载着选择，经查证这部书就是《齐民要术》。总之，《物种起源》和《植物和动物在家养下的变异》中都参阅过这部“中国古代百科全书”，六次提及《齐民要术》，并援引有关事例作为他的著名学说——进化论佐证。如今《齐民要术》更是引起欧美学者的极大关注和研究，说它“即使在世界范围内也是卓越的、杰出的、系统完整的农业科学理论与实践的巨著。”

达尔文在《物种起源》中谈到人工选择时说：“如果以为这种原理是近代的发现，就未免与事实相差太远。在一部古代的中国百科全书中，已有关于选择原理的明确记述。”“农学家们的普遍经验具有某种价值，他们常常提醒人们当把某一地方产物试在另一地方栽培时要慎重小心。中国古代农书作者建议栽培和维持各个地方的特有品种。”达尔文说：“在上一世纪耶稣会士们出版了一部有关中国的大部头著作，这部著作主要是根据古代中国百科全书编成的。关于绵羊，书中说‘改良品种在于特别细心地选择预定作繁殖之用的羊羔，对它们善加饲养，保持羊群隔离。’中国人对于各种植物和果树也应用了同样的选择原理。”“物种能适应于某种特殊风土有多少是单纯由于其习性，有多少是由于具备不同内在体质的变种之自然选择，以及有多少是由于两者合在一起的作用，却是个朦胧不清的问题。根据类例推理和农书中甚至古代中国百科全书中提出的关于将动物从一个地区迁移至另一地区饲养时要极其谨慎的不断忠告，我应当相信习性有若干影响的说法。”

李约瑟是英国近代生物化学家和科学技术史专家、原英国皇家学会会员（FRS）、原英国学术院院士（FBA）、剑桥大学李约瑟研究所创始人，其所著《中国的科学与文明》（即《中国科学技术史》）对现代中西文化交流影响深远。李约瑟评价说：“中国文明在科学史中曾起过从未被认识的巨大作用，在人类了解自然和控制自然方面，中国有过贡献，而且贡献是伟大的。”李约瑟及其助手白馥兰，对贾思勰的身世背景作了叙述，侧重于《齐民要术》的农业技术体系构建，就种植制度、耕作水平、农器组配、养畜技艺、加工制作以及中西农耕作业的比较进行了阐述，并指出：“《齐民要术》是完整保留至今的最早的中国农书，其行文简明扼要，条理清晰，所述技术水平之高，更臻完美。其结果是这本著作长期使用至今还基本上是完好无损。”“《齐民要术》所包含的技术知识水平在后来鲜少被超越。”

日本是世界上保存世界性巨著《齐民要术》的版本最多的国家，也是非汉语国度研究《齐民要术》最深入的国家。日本学者薮内清在《中国、科学、文明》一书中说：“我们的祖先在科学技术方面一直蒙受中国的恩惠，直到最近几年，日本在农业生产技术方面继续沿用中国技术的现象还到处可见。”并指出：“贾思勰的《齐民要术》一书，详细地记述了华北干燥地区的农业技术，在日本，出版了这本书的译本，而且还出现了许多研究这本书的论文。”日本鹿儿岛大学原教授、《齐民要术》研究专家西山武一在《亚洲农法和农业社会》（东京大学出版会，1969）的后记中写道：“《齐民要术》不仅是中国农书中的最高峰，也是最难读懂的农书之一。它宛如瑞士的高山艾格尔峰（Eiger）的悬崖峭壁一般。不过，如果能够根据近代农学的方法论搞清楚其书写的旱地农法的实态的话，那么《齐民要术》的谜团便会云消雾散。”日本研究《齐民要术》专家神谷庆治在西山武一、熊代幸雄《校订译注〈齐民要术〉》的“序文”中就说，《齐民要术》至今仍有惊人的实用科学价值。“即使用现代科学的成就来衡量，在《齐民要术》这样雄浑有力的科学论述前面，人们也不得不折服。在日本旱地农业技术中，也存在春旱、夏季多雨等问题，而采取的对策，和《齐民要术》中讲述的农学原理有惊人的相似之处”。神谷庆治在论述西洋农学和日本农学时指出：“《齐民要术》不单是千百年前中国农业的记载，就是从现代科学的本质意义上来看，也是世界上的农书巨著。日本曾结合本国的实际情况和经验，加以比较对照，消化吸收其书中的农学内容”。日本农史学家渡部武教授认为：“《齐民要术》真可以称得上集中国人民智慧大成的农书中之雄，后世几乎所有的中国农书或多或少要受到《齐民要术》的影响，又通过劝农官而发挥作用。”日本学者山田罗谷评价说：“我从事农业生产三十余年，凡是民家生产上生活上的事，只要向《齐民要术》求教，依照着去做，经过历年的试行，没有一件不成功的。尤其关于农业生产的切实指导，可以和老农的宝贵经验媲美的，只有这部书。所以要特为译成日文，并加上注释，刊成新书行世。”

《齐民要术》在中国历朝历代，更被奉为至宝。南宋的葛祐之在《齐民要术后序》中提到，当时天圣中所刊的崇文院版本，不是寻常人可见，藉以称颂张辚能刊行于州治，“欲使天下之人皆知务农重谷之道”。《续资治通鉴长编》的作者南宋李焘推崇《齐民要术》，说它是“在农家最翘然出其类”。明代著名文学家、思想家、哲学家，明朝文坛“前七子”之一，官至南京兵部尚书、都察院左都御史的王廷相，称《齐民要术》为“惠民之政，训农裕国之术”。20 世纪 30 年代，我国一代国学大师栾调甫称《齐民要术》一书：“若经、若史、若子、若集。其刻本一直秘藏于皇家内库，长达数百年，非朝廷近人不可得。”著名经济史学家胡寄窗说：“贾思勰对一个地主家庭所须消费的生活用品，如各种食品的加工保持和烹调方法；如何养鱼养马；甚至连制造笔墨及其原材料等所应具备的知识，无不应有尽有。其记载周详细致的程度，绝对不下于举世闻名的古希腊色诺芬为教导一个奴隶主如何管理其农庄而编写的《经济论》。”

寿光是贾思勰的故里，我对寿光很有感情，也很有缘源，与其学术活动和交流十分频繁。2006 年 4 月，我应中国（寿光）国际蔬菜博览会组委会、潍坊科技职业学院（现潍坊科技学院）、寿光市齐民要术研究会的邀请，来到著名的中国蔬菜之乡寿光，参观了第七届中国（寿光）国际蔬菜博览会，感到非常震撼，与会“《齐民要术》与现代农业高层论坛”，我在发言中说：“此次来到中国蔬菜之乡和贾思勰的故乡，受益匪浅。《齐民要术》确实是每个研究农学史学者必读书目，在国内外影响非常之大，有很多学者把它称为是中国古代农业的百科全书，我们知道达尔文写进化论的时候，他也在书中强调，在有些篇章有些字句里面，也引用了《齐民要术》和中国农书的一些重要成果，对它给予充分肯定。《齐民要术》研究和现代农业研究结合起来，学习和弘扬贾思勰重农、爱农、富农的这样一个思想，继承他这种精神财富，来建设我们的新农村，是一个非常重要的主题。寿光这个地方有着悠久的传统，在农业方面有这样的成就，古有贾思勰、今有寿光人，古有《齐民要术》、今有蔬菜之乡，要把这个资源传统优势发挥出来”。2006年5月，潍坊科技职业学院副院长薛彦斌博士前往南京农业大学中华农业文明研究院，我带领薛院长参观了中华农业文明研究院和古籍珍本室，目睹了中华农业文明研究院馆藏镇馆之宝——明嘉靖三年马直卿刻本《齐民要术》，薛院长与我、沈志忠教授一起商议探讨了《〈齐民要术〉与现代农业高层论坛论文集》的出版事宜，决定以2006年增刊形式，在CSSCI核心期刊《中国农史》上发表。2006年9月，我与薛院长又一道同团参加了在韩国水原市举行的、由韩国农业振兴厅与韩国农业历史学会举办的“第六届东亚农业史国际研讨会”，来自中韩日三国的60余名学者参加了学术交流，进一步增进了潍坊科技学院与南京农业大学之间的了解和学术交流。2015年7月，寿光市齐民要术研究会会长刘效武教授、副会长薛彦斌教授前往南京农业大学中华农业文明研究院，与我、沈志忠教授一起，商议《中华农圣贾思勰与〈齐民要术〉研究丛书》出版前期事宜，我十分高兴地为该丛书写了推荐信，双方进行了深入的学术座谈、并交换了学术研究成果。2016年12月，薛院长又前往南京农业大学中华农业文明研究院，向我颁发了潍坊科技学院农圣文化研究中心学术带头人和研究员聘书，双方交换了学术研究成果。寿光市齐民要术研究会作为基层的研究组织，多年来可以说做了大量卓有成效的优秀研究工作，难能可贵。特别是此次，聚心凝力，自我加压，联合潍坊科技学院，推出这项重大研究成果——《中华农圣贾思勰与〈齐民要术〉研究丛书》，即将由中国农业科学技术出版社出版，并荣获国家新闻出版广电总局2016年度国家出版基金资助，入选“十三五”国家重点图书出版规划项目，可喜可贺。在策划和写作过程中，刘效武教授、薛彦斌教授始终与我保持着学术联系和及时沟通，本人有幸听取该丛书主编刘效武教授、薛彦斌教授对丛书总体设计的口头汇报，又阅读“三辑”综合内容提要和各分册书目中的几册样稿，觉得此套丛书的编辑和出版十分必要、非常适时，它既梳理总结前段国内贾学研究现状，又用大量现代农业创新案例展示它的博大精深，同时也填补了国内这一领域中的出版空白。该丛书作为研读《齐民要术》宝库的重要参考书之一，从立体上挖掘了这部世界性农学巨著的深度和广度。丛书从全方位、多角度进行了比较详细的探讨和研究，形成三辑15分册、近400万字的著述，内容涵盖了贾思勰与《齐民要术》研读综述、贾思勰里籍及其名著成书背景和历史价值、《齐民要术》版本及其语言、名物解读、《齐民要术》传承与实践、贾思勰故里现代农业发展创新典型等方方面面，具有“内容全面”“地域性浓”“形式活泼”等特色。所谓内容全面：既考订贾思勰里籍和《齐民要术》语言层面的解读，同时也对农林牧副渔如何传承《齐民要术》进行较为全面的探讨；地域性浓：即指贾思勰故里寿光人探求贾学真谛的典型案例，从王乐义“日光温室蔬菜大棚”诞生，到“果王”蔡英明——果树“一边倒”技术传播，再到庄园饮食——“齐民大宴”，及“齐民思酒”的制曲酿造等，突出了寿光地域特色，展示了现代农业的创新成果；形式活泼：即指“三辑”各辑都有不同的侧重点，但分册内容类别性质又有相同或相近之处，每分册的语言尽量做到通俗易懂，图文并茂，以引起读者的研读兴趣。

鉴于以上原因，本人愿意为该丛书作序，望该套丛书早日出版面世，进一步弘扬中华农业文明，并发挥其经济效益和社会效益。

（南京农业大学中华农业文明研究院院长、教授、博士生导师）

2017 年 3 月

序 三

寿光市位于山东半岛中北部，渤海莱州湾南畔，总面积2 072平方千米，是“中国蔬菜之乡”“中国海盐之都”，被中央确定为改革开放30周年全国18个重大典型之一。

寿光乾坤清淑、地灵人杰。有7 000余年的文物可考史，有2 100多年的置县史，相传秦始皇筑台黑冢子以观沧海，汉武帝躬耕洰淀湖教化黎民，史有“三圣”：文圣仓颉在此创造了象形文字、盐圣夙沙氏开创了煮海为盐的先河，农圣贾思勰著有世界上第一部农学巨著《齐民要术》，在这片神奇的土地上，先后涌现出了汉代丞相公孙弘、徐干，前秦丞相王猛，南北朝文学家任昉等历史名人，自古以来就有“衣冠文采、标盛东齐”的美誉。

食为政之首，民以食为天。传承先贤“苟日新，日日新，又日新”的创新基因，勤劳智慧的寿光人民以“敢叫日月换新天”的气魄与担当，栉风沐雨、自强不息，创造了一个又一个绿色奇迹，三元朱村党支部书记王乐义带领群众成功试种并向全国推广了冬暖式蔬菜大棚，连续举办了17届中国（寿光）国际蔬菜科技博览会，成为引领现代农业发展的“风向标”。近年来，我们深入推进农业供给侧结构性改革，大力推进旧棚改新棚、大田改大棚“两改”工作，蔬菜基地发展到近6万公顷，种苗年繁育能力达到14亿株，自主研发蔬菜新品种46个，全市城乡居民户均存款15万元，农业成为寿光的聚宝盆，鼓起了老百姓的钱袋子，贾思勰“岁岁开广、百姓充给”的美好愿景正变为寿光大地的生动实践。

国家昌泰修文史，披沙拣金传后人。贾思勰与《齐民要术》研究会、潍坊科技学院等单位的专家学者呕心沥血、焚膏继晷，历时三年时间撰写的这套三辑

15分册，近400万字的《中华农圣贾思勰与〈齐民要术〉研究丛书》即将面世了，丛书既有贾思勰思想生平的旁求博考，又有农圣文化的阐幽探赜，更有农业前沿技术的精研致思，可谓是一部研究贾思勰及农圣文化的百科全书。时值改革开放40周年之际，它的问世可喜可贺，是寿光文化事业的一大幸事，也是贾学研究具有里程碑意义的一大盛事，必将开启贾思勰与《齐民要术》研究的新纪元。

抚今追昔，意在登高望远；知古鉴今，志在开拓未来。寿光是农业大市，探寻贾思勰及农圣文化的精神富矿，保护它、丰富它并不断发扬光大，是我们这一代人义不容辞的历史责任。当前，寿光正处在全面深化改革的历史新方位，站在建设品质寿光的关键发展当口，希望贾思勰与《齐民要术》研究会及各位研究者，不忘初心，砥砺前行，以舍我其谁的使命意识、只争朝夕的创业精神、踏石留印的务实作风，“把跨越时空、超越国度、富有永恒魅力、具有当代价值的文化精神弘扬起来”，继续推出一批更加丰硕的理论成果，为增强国人的道路自信、理论自信、制度自信、文化自信提供更加坚实的学术支持，为拓展农业发展的内涵与深度不断添砖加瓦，为在更高层次上建设品质寿光作出新的更大贡献！

（中共寿光市委书记）

2017年3月

前 言

《齐民要术》是中国现存最早最完整的古代农学名著，也是世界农学史上最早最有价值的巨著之一，长期以来深受国内外学者推崇，至今仍焕发着农业科学技术的灿烂光辉。

新中国成立以后，史学家吴晗主编的“中国历史小丛书”即把《贾思勰与〈齐民要术〉》作重点介绍，对于其价值及主要内容做了深入浅出的说明。改革开放以后，党和政府更加重视中华优秀传统文化的传承和弘扬，著名历史学家蔡尚思教授主编的《中华文化要籍导读丛书》，共选取51种图书，涵盖众多有社会科学和自然科学内容的重要典籍，其中就有《齐民要术》。

《齐民要术》同《梦溪笔谈》《本草纲目》《天工开物》一样，在我国自然科学史上占有十分重要的地位。国内当代研究《齐民要术》成果最为杰出的专家当推缪启愉教授。缪启愉（1910—2003年），浙江义乌人，新中国成立前曾任中国地政研究所副研究员，南京中央政治大学副教授；新中国成立后历任中国农业科学院、南京农业大学、中国农业遗产研究所教授、研究员，是著名农史专家，出版著作和发表论文约600余万字。其中，《〈齐民要术〉校释》获1985年农牧渔业部科学技术进步奖二等奖，另外还出版《〈齐民要术〉导读》《〈齐民要术〉译注》等。

依据缪启愉教授《〈齐民要术〉导读》的一些重要观点，同时参考梁家勉、万国鼎、石声汉、汪维辉等诸位“贾学”大家的著述，再加上我们的研读心得，撰写这册《〈齐民要术〉语言特色研究》。

人们知道，《齐民要术》诞生于1500年前的中国北方黄河中下游一带，包括

山东、山西、河北、河南等地域。贾思勰出身于官宦耕读之家，他通过阅读中国农书经典，搜集大量农学资料，拜农民为师，再加上自己的亲身体验，历经多重艰难，终于完成这部划时代的农学巨著。

因时代久远和本书体裁的特殊性，《齐民要术》素称难读难懂，这是否跟作者的初衷相违背？作者在序言中明确定位，其读者对象是劳动人民而非文人学士："晓示家童，未敢闻之有识，故丁宁周至，言提其耳，每事指斥，不尚浮辞。"我们认为，贾思勰所标榜的与本书所呈现出来的文体风格不相吻合，其原因主要在于贾思勰的文人身份和深厚学养，使他在进行撰著时必然形成句法、文法上的"文"与"雅"，很难走入"俗"与"俚"。比如大量使用省略句、倒装句，词类活用的句子也是俯拾即是。尤其大量引用典籍，这一方面显示他布局谋篇的匠心独运，另一方面又表明他为写作此书真可谓苦心孤诣，进行了长期的研究和积累，具有超乎寻常的科学求证精神；同时他又是大胆涉足于封建士大夫所不屑触及的"农""圃"二事的科学家，如果受制于"晓示家童""丁宁周知""言提其耳"的约束，则不能成就其虽穿越千年亦能流布万里、熠熠闪光的博大精深之作。当然，我们知道这部著作属于说明体裁，它的文体风格理应符合自身要求：准确、简明，"不尚浮辞"；一般人之所以认为不好理解，究其原因大致表现在词汇运用和语法特征两个方面。

另外是篇章结构的匠心独运。该书内容几乎囊括农业生产经营的所有事项，规模之大，前所未有，作者在《自序》中说"起自农耕，终于醯醢，资生之业，靡不毕书"。人们在生产生活中的活动，全部予以记录，像百科全书一般展现在人们面前。内容如此庞大，贾思勰却能够给予有条不紊、脉络清晰的说明，这直接得益于本书结构的主次分明、体系完整、体例创新。

这本小册子力求在这些方面加以深入浅出的分析，以帮助初学者和研究者搬掉阅读上的拦路虎，能够比较从容地阅读这部农学名著，在读者和作者之间架起一座桥梁，进入《齐民要术》的无限胜景中，了解要旨，掌握真谛，为传承农圣文化，作点微薄贡献。至于书中语言表达之不足，显然也存在，特别开篇的《序》用了骈体文，大雅博奥，用典甚多，与正文的简明易懂风格，大相径庭，颇不一致。故特立一章，用较多笔墨作详尽的剖析和必要的诠释，以抛砖引玉，得到专家的教正。

刘效武

2017 年 3 月

目 录

第一章

《齐民要术》研读概述

第一节 《齐民要术》的作者、成书年代和农业地区

阅读一本书，首先要弄清楚这本书的作者和成书年代，所谓“知人论世”就是这个道理。特别是农业名著《齐民要术》，成书于1 500多年前，流传版本众多，情况复杂，错讹在所难免，因此必须慎重对待。

一、作者其人

《齐民要术》的作者贾思勰主要生活在南北朝时期的后魏年间，到他晚年，后魏灭亡，跨入东魏时期，东魏是从后魏分裂出来的，存在的时间较短，所以一般仍称“后魏贾思勰”。史书里没有贾思勰的传记，其他文献里也没有关于他的任何记载，他一生的事迹，留给后代的是一纸空文。现在唯一确凿“信史”，只有十个字，即指明《齐民要术》为“后魏高阳太守贾思勰撰”。令人难以理解的是，“高阳太守”之信息也存在着分歧，因为在那时后魏有两个“高阳郡”：一个在今河北省高阳县内，一个在山东，郡治在今山东省桓台县东临淄区内。究竟贾思勰在哪个高阳郡当太守，从清代至今，中外学者对这个问题各执一说，虽然都能自圆其说，但是缺憾在于史实缺乏，论证不力，难以服众。尤其是在抢争名人效应的这个时代，各家论述或多或少掺杂了一些非学术、主观性强的东西，使这个本来就很复杂的问题愈加错综难辨！至于贾思勰是什么地方人，他的《齐民要术》写在什么时代？这两个问题，随着一些考古发掘的成果出现，学者们的意见基本达成一致，即贾思勰是山东寿光人。据史书记载，后魏末年有贾思伯、贾思同兄弟二人，《魏书》里有二人的传记，是齐郡益都人，都在朝廷做官，并给魏帝讲解《杜氏春秋》。贾思伯死于公元525 年，贾思同死于540 年。寿光市原博物馆馆长贾效孔先生根据已发掘的贾思伯墓出土文物研究发现，贾思勰与贾思伯、贾思同系同族兄弟，这一研究成果已被新出版的《辞海》采纳。

倘若从地域上来考察，也可以认为他是益都人。《齐民要术》中出现最多的有关地域名称是齐郡、齐人、齐俗以及西安、广饶等，搞清楚这些名称的关系，就可进一步推断。齐郡属于青州，益都是齐郡的郡治，西安（今山东青州境内），广饶（今山东广饶县）是齐郡的两个县，跟郡治益都邻近，齐郡的行政区域在今山东省中部及偏东一带。《齐民要术》提及青州的“乐氏枣”，细核多肉而甜美，“天下第一”，系齐郡西安、广饶二县的名产；又说，青州从外地引进种植“蜀椒”（原产地四川，故称蜀椒，在本地称花椒），如今推广开来，已基本分布全州；尤其值得注意的是，书中多处说到“齐人”“齐俗”，意味着他对齐地习俗甚为熟悉，也长年累月地受到齐俗的熏陶和感染，书中讲到农具犁的结构性能时，还把“济州以西”（济南以西地区）与“齐人”分开来说，明显站在家乡齐郡的立场上来与外州作比较：济州以西地区的那种犁笨拙，不及“齐人”用的犁轻便灵活。

这里应补充一点，上述提到的“齐郡”“益都”（即青州）、“广饶”等县名，为何没有涉及“寿光”？实际上，寿光地域恰在益都县东北，广饶县东部地区，三县相连。民国成立之初，曾有“三边县”（即益寿临广四县边沿）共建中共支部一说；新中国成立后，寿光县境划为三个小县，即寿北、寿南和益寿县（其地域由益都县西北乡与寿光县西南乡近百个村组成），1953 年撤销。这里都属于“齐人”，其方言民俗完全相同，种植粮食、蔬菜、瓜果等几乎完全一致。只是当时“益都”指青州府的寿光县益城钓台里。有人考察论证，《齐民要术》使用的语言大致是“北方通语+山东方言”，而方言即上述三县的共同口语，而寿光方言词占了较大比例。为何经过多数专家多年研究、集体论证，一致认为“贾思勰籍里在寿光”？这是从全方位、多角度，综合考察得出的正确结论。特别是 20 世纪 70 年代初，即 1973 年“农业学大寨”，大搞农田水利建设，深挖土地，贾思勰的长兄贾思伯和夫人刘静怜墓志铭在县城西南李二村被挖出，这一佐证使争论多年的问题终于尘埃落定，在当时寿光市市长李群等领导的主持下，政府有关部门赴济南、上海、北京反映情况，与专家沟通交流，《辞海》编辑部采纳了最新的研究成果，将“贾思勰”籍里修改为“寿光人”，同时省会济南市也根据《辞海》的修正，把泉城广场贾思勰雕像底座的介绍也作了相应更正。

贾姓是当时齐郡的望族，他的后人散布于青州府“齐郡”各县市区，而居于寿光的人数最多。眼下，称之为“贾家村”的有孙家集街道的贾庄和化龙镇的贾家庄，上口镇有贾王南邵，其后代人才辈出，十分显赫。

二、成书年代

《齐民要术》的成书年代，大约在公元 6 世纪的 30 年代到 40 年代，书中提及的两点具体而真实，完全可以作为依据。

其一，历史事件——书中点及“杜葛乱后”，连年饥荒，河北人民只靠吃干桑葚度日。杜洛周、葛荣二人起事，占领今河北六州，老百姓遭殃惨重。三年后，公元528年，杜葛失败身亡。这次事变是贾思勰亲眼见到的，他的书该是在事变后所写。

其二，友人试种区田——书中提到西兖州刺史刘仁之在洛阳试种区田，他告诉贾思勰说取得很高收成。西兖州在今山东定陶一带，刘仁之出任西兖州刺史在后魏末孝武帝（即出帝，公元532—534年）时，东魏武定二年（公元544年）卒。这反映在刘仁之任西兖州刺史之后，至刘仁之未死之前，贾氏正在写作《齐民要术》；推定此书成书于6世纪30年代至40年代之间，应该是符合事实的。

三、涉及农业地区

《齐民要术》记述的农业地区在哪里？这也是阅读时首先要弄清楚的。农业是有地区性的，中国的南方和北方有明显差别，种植的农作物也大相径庭。南方以种水稻和油菜为主，北方种植小麦、玉米和大豆。水浇条件好的和常年干旱地区也有较大差别。贾思勰的生活轨迹因为缺少史书资料很难准确划定，现在能做的只是根据书中所反映的地区性农业资料得到一个轮廓。

首先，从书中常出现的地域性资料如青州、齐郡、齐人、齐俗、济州等，特别提及“齐人”如何如何，这反映出贾思勰对齐人有深厚感情，也显现他对家乡农业情况相当熟悉。就农业地区来说，交代出今山东地区是这部书的小地区，也是所述的重点地区。

其次，书中涉及的山东以外的地方有并州、壶关、上党、井陉、朝歌、河以北等地域广及现今的山西、河南、河北等地。这是这部书的大地区，加上山东在内，也就是黄河中下游地区。

再次，就作者的活动地区来看，书中反映，作者除山东外，到过山西、河南、河北一带，足迹遍及黄河中下游，跟他写书的地区完全相符。

必须进一步考虑，贾思勰到外地去是干什么的？是任职还是路过？从书中信息看，他每到一地都十分重视农业生产，不是游山玩水，尽享大自然风光，而是刻意留心观察当地农业生产技术，并进行比较研究。例如书里写下了植物引种因环境变化而导致变异的观察记录，这不但是在中国，也是世界作物栽培史上有关生物遗传变异的很早的“科学报告”。如果不是通过对多种作物长时间生长季节的精心观察，以至实践实验，这样的结论绝不可能杜撰出来。难能可贵的是他记录的变异植物不止一种，其地区广及山西、河南、河北、山东等地，充分显示出他每到一地都在关心农业生产的实际效益。外州的作物品种有哪些特性，是否优良，有什么好的技术经验可以吸收推广，一系列问题都是他关注的重点。基于这样的技术观念和求实精神，他能够将全面的农业生产知识和本地区的具体实践融合到一起，写出如此超越前人的农学巨著。

最后，书中有的地域概念需要辨别清楚。他提到了“漠北寒乡”，也提到“吴中”“吴人”，一个在沙漠以北，一个在江南，这仅是间接资料偶尔提及，以作比较和联系，并不说明作者到过该地。对于贾思勰的足迹是否到过“漠北寒乡”？寿光市齐民要术研究会曾在2013年赴内蒙古克什克腾旗开过一次畜牧业发展研讨会。考察结果贾氏因交通不便及其他方面因素，确实未到过此地。但当地畜牧业发展经验很值得内地学习和借鉴。书中也使用“中国”一词，我们知道，在古代典籍中，“中国”指代的是黄河以南、江汉以北的中国中原地区，并非国家意义上的“中国”概念。学习和研究《齐民要术》，要知道一些关于古代典籍的文化常识，这样对于解决一些文字障碍确有助益。

第二节 《齐民要术》最好版本、结构体系和研读要领

《齐民要术》是讲农业科学的书，因为实用价值大，在世上流传的刻本、抄本比较多，倘若选错了版本，不仅费力不讨好，甚至误入歧途难以自拔；所以选取最好的版本就显得极为重要。

谈及版本，本套丛书收录杨现昌博士所撰《〈齐民要术〉版本述略》一书，读者可以参考。这里也有必要提供一些有关资料：

一、选择最好的版本

《齐民要术》最早刻本是北宋天圣（公元1023—1031年）年间由皇家藏书馆“崇文院”校刊的本子，一般称之为“崇文院刻本”。这个刻本在我国早已散失，现存的孤本在日本，可惜十卷已丢失八卷，只残存第五、第八两卷。1914年知名学者罗振玉曾借这两卷用珂罗版彩印，在国内有少量彩印本流通。以后的版本儿，都是崇文院刻本一个系统下来的辗转翻刻本、石印本或排印本。另外还有“宋代抄本”和“明代抄本”，前者数量极少，流传不广。后者曾影印过，十卷完整不缺。之后，南京的“私家刻本”即张东寿刻本，原本早已亡佚，现在保存下来的只有残缺不全的“校采本”。

以后明代刻本较多，影响大一些的有明代马直卿刻于湖湘的“湖湘本”（公元1524年），胡震亨的《密册汇函》（公元1603年），原版转让给毛晋的《津逮秘书》；另外还有华亭沈氏刊刻的“竹东书舍本”。

到清代以后，版本大增，如《四部丛刊》彩印明抄本的排印本，公元1804年张海鹏刊印的《四部备要》本，公元1869年袁昶刊印的《惭而村舍丛刊》《津逮秘书》在国外的刻本等。

选哪种版本阅读最好？应该说《齐民要术》旧本中北宋崇文院刻本是最好的，可惜只有第五、第八两卷，而且还在日本，我国虽有它的刻印本，一般很难看到。因此只有另找好本，那就是《四部丛刊》中影印的明代抄本。该本是现存最好的完整不缺的版本，错、脱比较少，而内容的完备也为其他版本所不及。如果该本难得，据该本影印的《国学基本丛书》本或万有文库本也可以看。

现代的整理本，近人依据多种较好的版本和有关文献加以整理，且用现代科学知识予以注解力求接近《齐民要术》原貌，成绩超过任何旧本。

谈及现代较好整理本，国内当推石声汉《〈齐民要术〉今释》，全四册，1957 年 12 月至 1958 年 6 月由科学出版社出版；国外日本西山武一、熊代津雄合撰的《校订译注〈齐民要术〉》，上下二册，1957 年至 1959 年日本农林省农业综合研究所出版，以后以合订本一册再版。综合上述情况，今人缪启愉教授《齐民要术校释》，精装一册，1982 年农业出版社出版，学术界认为是“迄今最完善的一部《齐民要术》校释本。”此书增订重印多次，巴蜀书社，中国国际广播出版社，齐鲁书社都有新印版本问世，极有参考价值。

二、认知结构体系

《齐民要术》全书十卷，九十二篇，连同卷前的《序》和《杂说》，共约十一万五千余字，是大部头农书。阅读这样百科全书式的综合性大农书，难以很快消化，走马观花式的阅读只能得些皮毛，一知半解，吃夹生饭，甚至产生负作用，达不到阅读经典图书的较高目标。

初读者应分清主次，宁可少而精，然后循序渐进，再及其余，读懂全书。在此基础上，才能对全书展开研究。为给初读《齐民要术》者厘清头绪，特编排《篇目安排事理逻辑性示意表》，只要按图索骥，顺藤摸瓜，就能很快掌握篇章结构特点，纲举目张。

《齐民要术》篇目安排事理逻辑性示意表

类别	卷次	主要内容	如此安排的理由
农林牧渔	卷一	耕田第一，收种第二，种谷第三	首先说“吃”。谷物历来是劳动人民的主食，理应放在前面记述
	卷二	黍穄第四，粱秫第五，大豆第六，小豆第七，种麻第八，种麻子第九，大小麦第十，水稻第十一，旱稻第十二，胡麻第十三，种瓜第十四，种瓠第十五，种芋第十六	
	卷三	种葵第十七，蔓菁第十八，种蒜第十九，种薤第二十，种葱第二十一，种韭第二十二，种蜀芥、芸薹、芥子第二十三，种胡荽第二十四，种兰香第二十五，荏蓼第二十六，种姜第二十七，种蘘荷、芹、苣第二十八，种苜蓿第二十九，杂说第三十	主食之后自然是副食蔬菜，再者是水果，水果是粮食蔬菜的必要补充，列在蔬菜之后记述恰当正确
	卷四	园篱第三十一，栽树第三十二，种枣第三十三，种桃柰第三十四，种李第三十五，种梅杏第三十六，插梨第三十七，种栗第三十八，柰、林檎第三十九，种柿第四十，安石榴第四十一，种木瓜第四十二，种椒第四十三，种茱萸第四十四	

（续表）

类别	卷次	主要内容	如此安排的理由
农林牧渔	卷五	种桑、柘第四十五（附养蚕），种榆、白杨第四十六，种棠第四十七，种榖楮第四十八，种漆第四十九，种槐、柳、楸、梓、梧、柞第五十，种竹第五十一，种红蓝花、栀子第五十二，种蓝第五十三，种紫草第五十四，伐木第五十五	其次说“穿”和“住”。栽桑养蚕和栽种建造房屋用的树木，当时肉类虽重要，但不是人人必需，何况大家畜是生产力，故把“牧”“渔”列在卷上
	卷六	养牛、马、驴、骡第五十六，养羊第五十七，养猪第五十八，养鸡第五十九，养鹅鸭第六十。养鱼第六十一	
副	卷七	货值第六十二，涂瓮第六十三，造神曲并酒第六十四，白醪曲第六十五，笨曲并酒第六十六，法酒第六十七	最后说到“副业”问题。没有农林牧渔的生产收获，就没有酿造和加工的物质基础。因此把副业放在后面记述，以解决“花钱”急需，是顺理成章的
	卷八	黄衣、黄蒸及糵第六十八，常满盐、花盐第六十九，作酱等法第七十，作酢法第七十一，作豉法第七十二，八和齑第七十三，作鱼酢第七十四，脯腊第七十五，羹臛法第七十六，蒸缹法第七十七，月正、脂、煎、消第七十八，菹绿第七十九	
	卷九	炙法第八十，作月宰、奥、糟、苞第八十一，饼法第八十二，粽、糉法第八十三，煮米冥第八十四，醴酪第八十五，飧饭第八十六，素食第八十七，作菹藏生菜法第八十八，餳餔第八十九，煮胶第九十，笔墨第九十一	
南方植物	卷十	五谷、果蓏、菜茹非中国产者	附录性的参考

三、研读要领

弄清上述五方面情况后，为提高《齐民要术》阅读效率，还必须掌握正确阅读方法，不走弯路或少走弯路，以求事半功倍。同时因读者学历层次不同，专业知识积累多少有别，研读方法也不必千篇一律。特别像《齐民要术》这样的世界农学名著，不仅要下苦功攻读，还要探求正确科学读法，读有所得，研有所获。像入深山探宝一样，所获成果甚丰，不能空手而回。

这里拟从四个不同层面，提出建议，也许会起到抛砖引玉之效。

首先，读懂全书，搬掉语言文字层面上的拦路虎和绊脚石。《齐民要术》全书约 11 万字。作者贾思勰，基本运用北方通语写作而成，从语体看属于中古浅近文言文，朴素平易，“不尚浮辞”。然而在南北朝历史时期战乱不断，文风浮华，上下信佛成风，贾氏破浪而出不被卷没，毅然著书传播农业科学种子，实在难解可贵。凡接触过《齐民要术》的人，第一感觉是不容易读懂，这是历史原因造成的，分两种情况：其一、书中确实有不少不能用通用的意义来解释的词语，那大都是当时的民间“土语”和生产上的“术语”，由于时代久远，方言又有地区性的局限，所以后人对这些感到很陌生而成为“拦路虎”；其二、书在长期流传过程中，不可避免地产生很多抄刻上的错、脱、窜、衍，更增添了阅读的困难。对待上述困难，应采取相应措施：一是在通读全文时将疑难字、生僻字、方言字等找出来加注拼音或同音字，也可参阅本丛书刘长政先生编撰的《〈齐民要术〉疑难字词解析》，或到相关字典词典去查寻；二是细读注释释文，领会引文含义，并与上下文义贯通。总之扫清语言文字上的障碍，这是进入读懂的第一步，也是进入思考研究的必要条件和基础。

其次，弄清生产技术关节，解决生产技术层面上的方法程序。何谓“齐民要术”？简言之，即“让平民百姓掌握从事生活资料生产的重要技术知识”。因此弄清各技术要领，从事生产、生活实践，以达作物丰产、丰收之目的。比如“保墒旱”技术、“选种育种”处理方法，掌握播种技术及做好“轮作套种、”动植物“保护饲养”技术、“对生物鉴别”及“对遗传变异”认识，对“微生物利用”等，只要对上述各种技术掌握得准确、全面，又能灵活运用，就能真正学到贾学生产技术知识。

再次，认知结构体系，从篇目安排层面上体会此书事理逻辑的严密性。这是一部讲述大农业（农林牧渔副）生产的世界名著，既要讲明写此书之目的，又要详述农林牧渔副相关生产技术的要领，还要将引文、例证解述清楚，让人信服。情况错综复杂，内容相互交叉，哪些先写，哪些后写，哪些详述，哪些简略，都需要作者拿定注意，快刀斩乱麻。贾思勰不愧为重农、管农、爱农的贤吏，更是驾驭语言文字的写作高手。他用骈体文写出洋洋洒洒的千字《序言》，明确表示写此书之目的；然后又用十卷十万字详述大农业的生产经营技术。卷一至卷六首先写“吃”，涉及谷物及蔬菜 、水果，其次说“穿”和“住”，同时也将“牧”“渔”列入其中；卷七至卷九说及“副业”；卷十附录南方植物，提供参考。这样安排，顺理成章，一气呵成。

最后，领悟农学哲理，从思想内涵层面上发掘中华农圣文化的博大精深。一般专业性农书、医书及科技知识书籍除完成技术知识交待外，很少涉及哲学伦理内涵，但《齐民要术》在通过介绍农林牧渔副科技知识中，明显折射出令人信服的哲学理论光辉。比如“农为政首”的“农本”思想，“要在安民，富而教之”重视对农民教化的观念，革新前进的创新思想，引申出朴素的辩证观点，尊重自然规律观点，“发挥人的主观能动作用”观点，“强调实践及积极劳动”观点，“重视节俭与备荒”观点。总之，《齐民要术》的思想内容是立体型的，成就是多方面的，这一点只要在研读中深刻体悟方可理解。在这方面亦可参阅本丛书李兴军先生所撰著的《中华农圣思想文化内涵探析》分册，可能得到更多启发与教益。

第二章

《齐民要术》词语特点

《齐民要术》不仅在世界农学史上具有崇高地位，也是我们今天研究南北朝汉语特别是6世纪中叶北方通语的重要语料。作者在自序中说："鄙意晓示家童，未敢闻之有识，故丁宁周至，言提其耳，每事指斥，不尚浮辞。览者无或嗤焉。"这样的写作宗旨决定了贾思勰采用的是通俗易晓的语言，正如缪启愉先生所说："文词表达朴实明爽，摒弃冷词僻典，没有一句转弯抹角，或者意义含糊不明……书中行文给人的总感觉是有一种明白、朴素、直爽、紧凑的风格，娓娓道来，接近口语，如说家常，跟当时的浮靡之风大相径庭。"（《齐民要术校释·前言》）具体而言，我们认为《齐民要术》的语言具有专业性、口语性、地域性和语言内部的差异性四个鲜明的特点，以下分节加以论述。

第一节　专业性

著名语言学家唐作藩教授在《汉语词汇发展简史》一书指出，"中古时期汉语词汇的发展史"谈到《齐民要术》中的农具词汇问题，包括农作物名称、农具名称、耕作行为方向的词语等。缪启愉先生曾指出《齐民要术》一书世称"难读"的两大原因，其中之一就是书中有不少当时的民间"土语"和生产上的"术语"。这样的词语可以举出一大本，足以编成一本小型的《齐民要术术语词典》。

比如，农作物名称——水稻、旱稻、粳稻，大麦、小麦、宿麦、荞麦、青稞麦，蘘草、秕，菽、大豆、黄高丽豆、黑高丽豆、燕豆、豍豆、小豆、豌豆、江豆、豋豆、绿豆、线豆，谷、稙谷、黍、穄、粱、秫，油麻、大麻、苴麻、胡麻，冬瓜、越瓜、胡瓜、茄子、蔓菁、芜菁、莴苣、芋、姜、葱、蒜、韭、芥、芸、荽、椒，枣、李、桃、梅、杏、梨、栗、柿、石榴、木瓜、茱萸、甘蔗、雉尾、茭；

又如，农具名称——耒、耜、犁、长辕犁、蔚犁、锄、耨、䦆、斸、铲、镰、一脚耧、两脚耧、三脚耧、杷、水车、桔槔、辘轳、柳罐、陆轴、铁齿鳊楱；

再如，耕作行为——春耕、秋耕、初耕、深耕、细耕、耦耕、转地，春种、夏种、播种、穙种、穊种、稿种、稙、耘（芸）、耩、耙、耧、耨、芋、劳（耮）、摩（耮）、稀、曳、挞、辗、镞、蹑、刨、剷、刈、锋、挠、溲种、灌溉，白背、黄塲、浥郁、蚜蛂、放墟等。

还有各种农作物众多品种的名称。这些词语有些承自前代，有些则始见于《齐民要术》，它们充实丰富了汉语词汇的宝库。

附：《齐民要术》专业术语汇释

本节内容依据缪启愉先生《齐民要术导读》整理，为方便读者阅读，按音序排列方式调整排列，共63组。

1. 白背

潮湿土壤经日晒后，表面先干，失去黑褐色呈现白色的“皮”，叫作白背，这是群众口语，现在很多地方还有这个口语。《齐民要术》关于耕、耩、耮、镇压等作业，必须等到白背时才进行，为了避免湿时进行引起土壤黏结成块或压实了难以破碎。

2. 白地

与故墟相对，指非连作地。白是同一种作物空着几年没有种过，《齐民要术》指出胡麻不宜连作，要种在“白地”，《齐民要术》白地跟“白土”不同，白土指土壤性状，如种旱稻说：“白土胜黑土。”

3. 保泽

保泽就是现在说的保墒。例如：“再劳地熟，旱亦保泽”；冬播葵菜，“劳雪令地保泽”；移栽树木，浇水后要覆盖细土，“覆则保泽”等。

4. 勃

勃是粉末，《齐民要术》指花粉。种大麻说，雄麻地里看到“勃如灰”便该收割，就是说雄麻花粉发散出来像灰尘那样的时候就该收割了。雄麻以收获麻纤维为目的，盛花期是适收时期，过早收割雄花“未勃”（“勃”当动词用），麻皮还未成熟；过迟了，“放勃不收”，则麻纤维由于有色物质的沉积，会逐渐变得晦暗，都会造成损失。种雌麻，古代以收获子实为目的，应掌握在雄麻既放勃之后拔去雄株，如果没有放勃就拔去，那雌花未经受精，因此“不成子实”，这些都合于科学原理。

5. 楮

混播有两种方式：一种是点播式的混播，如种甜瓜，把瓜子和大豆一起混播在同一穴中，主要是利用大豆顶土能力较强帮助瓜子子叶出土。一种是撒播式的混播，例如在楮子或槐子中混合大麻子一起耧耩撒种，其作用前者是利用大麻苗为楮苗保暖（“为楮作暖”），后者是利用大麻苗胁迫槐干向上挺直生长（“胁槐令长”），避免“曲恶”，长成“亭亭条直，千百若一”的挺直美材。点播式或撒播式的混播各有特种技术要求，方法简便而机巧。孔子学生曾参说过“蓬生麻中，不扶自直”，谁也没有注意，只有贾思勰第一个运用“不扶自直”的原理付诸实践，巧妙利用麻苗“胁槐令长”，人工培育成亭亭挺直的槐树。他已认识到植物有争阳光竞长的特性，这是很不简单的。

6. 茇

原意是草根，《齐民要术》指作物收割后留在地里的残株，即根茬。《耕田》篇说到在特殊情况下前作收割后随即进行浅锋起“茇”，为后作保墒做准备。《齐民要术》的“茇”，相当于今天的“茬”。

7. 锄掊掩种

《齐民要术》种红花的播种方法，除撒播、耧耩外，也采取“锄掊而掩种”。这就是锄头刨穴点播，然后把土盖上（“掩种”）。掊，就是现在的“刨”。

8. 插

嫁接，《齐民要术》叫作“插”，用于梨和柿。采用的是枝接法。梨的砧木用软枣，这是很通常的，这些现在也是梨、柿的主要砧木。值的注意的是，《齐民要术》还采用枣或石榴为梨嫁接的砧木，梨与枣、石榴不同科，亲缘很远，一般认为没有亲和力，但《齐民要术》仍有一二成的成活率，而且梨的品质上等，说明古人的嫁接技术相当高超。

9. 剝、沐、斫、髡

这些都是果树整枝上的用词。剝：修剪枝条；省剝：轻剪。沐：也是剪枝；有时“剝沐”连用。斫：砍断的意思，用在整枝上与剝、沐相同；苦斫，加重剪伐。髡：原意是剃光头，《齐民要术》用在剪伐上指在一定的高度截去树干，行于大树移栽。

10. 地液与黄埆

（1）地液。华北平原地区，大体上在惊蛰前后地面开始解冻融化，这时融层还薄，冻层仍厚。随着气温的继续上升，土层融化逐渐加厚，融雪和解冻水分聚集地表（下面有冻层托水）地面形成显著潮湿状态，通常称为“反浆”。反浆阶段是春季保墒最有利的时期。《齐民要术》称反浆初期为“地释（化冻）”，称反浆盛期为“地液”，就是地面显著潮湿。《齐民要术》在耕作、播种和移栽时，总是赶在“地释”的有利时机进行，就是抢墒措施。苜蓿是宿根植物，《齐民要术》对种苜蓿说，每年正月烧去苜蓿去冬枯叶，到地液反浆时耕垅，随即用铁齿耙耙碎弄平，起到保墒作用，促进宿根顺利萌芽生长。

(2) 黄塲。反浆阶段一过，随着气温的继续上升，地面蒸发加强了，土壤水分逐渐减少，进入退墒阶段，土壤呈现褐色或黄色，称为褐墒或黄墒。黄墒适于耕作和播种，土壤、水、气、热比较协调，有利于作物幼苗的生长和根系下扎。所以《齐民要术》和以后的农书，往往强调黄塲耕作、下种。《齐民要术》种大蒜说，黄墒时进行耧耩，随着耩出的播种沟逐沟下种；种黍穄说：“燥湿候黄塲”，及时播种；种旱稻也是“黄塲纳种，不宜湿下”，“湿下”是指湿土下种，比黄塲含水量多，不适宜。

11. 底

底的原意是指后作种在前作收割后的基础上，因此前作的土壤成为后作的“底”；就轮作换茬来说，底指的是前作物，也就是前茬。前作的土壤对后作有一定的影响，《齐民要术》强调什么作物种在什么底上最好，特别注意用豆科作物作为后作的底，反映从感性上已充分认识到豆科作物有提高土壤肥力和有利于后作生长的作用；有些作物不宜连作，则强调必须“岁易”（每年要换茬），如谷子、大麻等。在作物的互利和互相抑制的关系上，在《齐民要术》中构成了丰富多样的轮作制度。

12. 兜牟

原是战士头上戴的保护头部的帽子——头盔。《齐民要术》是用来做比喻：黍穄必须趁湿脱粒，如果不趁湿脱粒，过后干燥了颖壳会粘在果皮上，不容易全部脱落，部分站着像戴着头盔一样。黍穄的这种特性，明代王象晋的《群芳谱》做了具体描述：黍子“刈后乘湿即打，则稃（颖壳）易脱；迟则稃着粒上，难脱。”

13. 锋、耩

锋和耩都是中耕农具，但微有不同。锋是一种有尖锐犁鑱而没有犁壁的农具，它的特点是起土浅而不覆土，拉力轻，有浅耕破土保墒的作用。耩也是有鑱无壁的，这一点与锋相似。但是锋的鑱尖锐而平，耩大概是仿照耧铲改的，它的鑱两旁低而中间有高脊，前端平，后部渐向上弯，有把土推向两边壅根的作用。《齐民要术》对有的作物既锋又耩，有的只锋不耩，谷子中耕宜锋不宜耩，因为耩了虽然能够推土壅根，但翻土露墒，容易失墒，以后地干硬难耕。说明锋、耩不同，各有特点。

14. 附骨

指附骨疽，包括骨膜炎、骨髓炎、骨结核。

15. 故墟

跟白地相对，指种过同一作物的地，即连作地。大麻不宜连作，指明“不用故墟”；葵菜宜于连作，指出“故墟弥善”。

16. 根跳

意思是向上跳（抬高）。这是韭菜新老根系进行新陈代谢的正常现象。原来韭菜的须根纤维状，着生在鳞茎下面的茎盘位置上，分蘖的新鳞茎高出老鳞茎之上，由于新鳞茎年年不断增长，新的须根也跟着不断上升，下层旧根也就不断死亡，因此，根部逐年上移，层层抬高。这种新陈代谢自行更新复壮的特性，《齐民要术》描写为“根性上跳”，生动而准确。面对韭菜的这种跳根特性，《齐民要术》采取对应的技术措施，把韭菜畦做得“极深”。因为培养好韭菜根部是争取韭菜高产并延长寿命的关键，而关键性的主要措施是给根部培土上粪，避免新鳞茎上升暴露地面，影响新根生长而过早衰老。因此，畦要做的特别深，以便于培土上粪，延长采割寿命。这一技术原则在今天也不能背离。

17. 暵地

暴晒的意思。暵地，指夏耕晒垡。土垡经过夏季充分暴晒后，遇上雨水就酥散，能改善土壤结构，提高地温，促进养料分解，有利于种子发芽和根系的生长。同时，北方夏秋间雨水较多，土壤经过暴晒分解后，有利于收蓄雨水。《齐民要术》强调暵地的重要性说，如果不经过晒地，秋播作物（主要是大小麦）的产量会大为减收。

18. 喉痹

马病一种，指咽喉部肿胀，造成呼吸困难，甚至窒息；也指咽喉麻痹。

19. 黑汗

马病一种，指日射病，就是中暑。

20. 汗凌

马病一种，指马出汗时受风寒闭住了汗，中兽医叫作“歇汗风”，不是汗淋不止。

21. 坚垎

垎，水干后土质坚硬。黏性土的特点是湿时黏泞，黏脚粘农具，敲打则成团成饼，干后有坚硬很难弄碎，《齐民要术》说的“燥则坚垎，湿则污泥”，正是这种状态；但晒透后遇雨却易于酥散，《齐民要术》所谓“一经得雨，地则粉解”，确实如此。坚垎，就是指湿时耕地，翻起的土垡坚硬难碎，即《齐民要术》所谓“湿耕坚垎，数年不佳”。湿时镇压，同样也会坚实难以耕锄，所谓“湿挞令地坚硬”。从《齐民要术》的这些描述，反映它的耕作对象在很多情况下是黏性土壤。

22. 穊

稠密的意思，指播种较稠密，也指发棵茂密。《齐民要术》有“穊”“穊种”。穊种可能采用撒播，但不等于撒播。种旱稻的“科大如穊者”，指发棵茂密。

23. 鸠脚

《齐民要术》说嫁接梨树如果选取“鸠脚老枝”做接穗，可以提早二年结果，但树形丑陋。鸠脚，指结果枝分叉像斑鸠脚的形状，实际指短果枝群。老枝，指结果枝的二年生枝，由于缩短了它的相应的幼龄期，所以可以提早二年结果，但树形难看。

24. 嫁枣、嫁李

嫁是转移的意思，相当于“转嫁”的嫁。嫁枣是说在枣树上采用某种措施将它的某种作用转嫁到枣树上，使之产生好的效果。方法是正月初一在树干周围没有定处地用斧背棰打，促使多结果实。用现代植物学知识来解释，就是通过棰打破坏韧皮部，阻止地上养分的向下输送，以促进开花和果实生长，因而提高坐果率，原理和“环状剥皮”相同。后来发展为“开甲”“刺枣”等技术，在华北各产枣区一直在采用，枣农掌握合理的开甲技术，作为增产措施之一。同一方法《齐民要术》也施用于林檎，时间在正月、二月。嫁李，方法是正月初一或十五日用砖石压在李树丫杈中；或者腊月里在树丫间用棍棒轻轻敲打，正月末日又打一次；再不然，清明节前一天用灶下燃烧着的柴枝搁在树丫间，都可使多结李子。方法稍有不同，道理是一样的，都在想方设法破坏韧皮部阻止养分下行（压伤、打伤或灼伤），促使多结果实。不过，嫁枣的时间太早，嫁李选定某一日期也是没有必要的。

25. 距

古人指雄鸡脚后面突出像爪的一段，叫作鸡距；《齐民要术》借来指枝条修剪后留着基部的一小段。《园篱》篇说，种酸枣作篱笆，酸枣苗长到一定高度时，要剪去横生根枝，然后编扎起来，但修剪必须“留距”，就是说切除横枝时，必须保留基部的一小段，像鸡距那样，不能齐基部切光。不然的话，容易损伤主枝皮层，“逢寒即死”。种榆说，三年的苗木不要修剪，一定要剪的话，基部“宜留二寸”，留二寸也就是“留距”。

26. 接

有两种情况，第一，指挹出水液，水多时相当于舀，水少时相当于滗出。也有取舍的不同：①需要水液，如卷八《作酢（醋）法》篇等的“接取清”，卷七《笨曲并酒》篇的“接饮不押（压榨）”等。②弃去水液，如卷五《种红蓝花栀子》篇的“接去清水”“徐徐接去”等。接出的水液，虽然有取舍的不同，但处理对象都是水液。需要水液时剩下的是渣滓，不要水液时剩下的是好东西。《齐民要术》的贮，作为特殊用词，就水液说，相当于上述的接。贮，实际借作“抒”字用，就是挹、舀的意思。就干物来说，则是取出、倒出之意。《齐民要术》通常“贮出”连词，也简称“贮”。第二，指捞出水液中上浮的物体。也有取舍的不同：①需要上浮的物体，如卷六《养羊》篇中的“以手接酥”，卷八《常满盐、花盐》篇中的“浮即接取”等。②弃去上浮的物体，如卷八《作酢法》篇的“白醭（白色菌醭）浮，接取之”等。接出的东西，虽有取舍的不同，但处理对象都是上浮的物体。“以手接酥”，相当于“揭”，余二例相当于“撇”。

27. 解

滚水加水冲凉，浓汁加水冲淡，固态物加水液调稀，乃至食物中加某种液汁调味，在《齐民要术》中都叫作“解”。例如，卷六《养羊》篇的“作热汤，以冷水解”，就是在沸汤中加入冷水降低温度；同篇的“好酒解之”，《八和齑》篇的“下醋解之”，都是指调味。

28. 科

坑穴的意思，引申为“颗”“棵”“窠”的同音同义词；植株由科上支分出去，科又是分枝、分蘖的意思。古书解释，草木一本叫一科。《齐民要术》的科，正是与“本”同一意义。例如，种生姜的“一尺一科”，与种薤的“一尺一本”同义，又如移栽大葱的“三支为一本”，也和种薤的“四支为一科”同义。但按种植作物的具体情况，又稍有不同；生姜的一科是一块种姜，相当于一棵；葱、薤的一本或一科都不止一根葱或一个种薤，而是三四个，则相当于一窠。种冬瓜说，结瓜后进行蔬果，“一本但留五六枚（个）”，这个一本也是一颗、一株。薤的分蘖力很强，《齐民要术》要求栽植七八个种球一穴，那就“科圆大”，显然，这个科也是指一窠而言，就是说分蘖出许多小鳞茎，俗名蒜颗、蒜头、蒜蒲。独科是不分蘖的独头蒜，“科皆如拳”是说大蒜头有拳头那么大。就植株的地上部来说，科指本上长出的分枝和分蘖。例如，种麻子说，“穊（稠密）则不科”，“麻子啮头（被牲畜咬食梢头）则科大”，科都是指分枝；种楮的“地熟楮科”，科指枝叶茂盛。种旱稻的“生科”“科大”，则是指分蘖多，“不科”指分蘖少。以后的农书如《农桑辑要》等，科的含义更广泛，广及地下侧根、地下茎等也可以叫作科。还用为反义，就是去掉不要，如“科去”“科斫”，就成为剪伐枝条、不要科分太多的意思，大致与“课”相当了。

29. 犁欲廉

廉是狭仄的意思。犁欲廉是说犁起的土条不要太宽，要狭仄些。王祯《农书·垦耕篇》说：“欲廉欲猛，取之犁梢。”犁梢指犁柄，犁地时使犁柄稍侧，带动犁铧跟着倾侧，起土就较狭。起土狭了犁条就细，可以减少和消灭犁不到的犁脊，地就耕的细而匀透些，同时犁的拉力轻，牛也省力。“犁欲廉”下面贾思勰自注说：“犁廉耕细，牛复不疲。”就是指这个说的。

30. 劳

劳是无齿耙（现写作“耢”），是用荆条藤条之类编成的整地工具，一般由牲畜牵引，用于耙后进一步平地和碎土，兼有轻压表土的保墒作用。《齐民要术》要求“劳欲再”，就是整地时要一纵一横劳两次。劳，《齐民要术·耕田》说到又叫“摩”（现在写作“耱”）卷前《杂说》又叫“盖”。现在随地异名，仍沿用着耢、耱或盖的名称。劳，《齐民要术》也用于种后覆土和苗期中耕，使用时有重劳、轻劳之分，依据不同季节和不同作物看需要重压还是轻压而定。重劳是劳上站人或坐人以增加重量；轻劳是劳上不加人的空劳，就是《齐民要术》说的“空曳劳”。

31. 耧种

耧种就是用耧车（也叫耧犁、耩子）播种。《齐民要术》又称“耧下”“耧头（耧腿）中下之”。播种方式是条播。种大豆、小豆、红花，山田种大小麦、土壤水分较少时种大麻等采用之。通常要求播种较深时采用耧播。条播的另一方法是看具体情况而定，它不是用楼车直接从耧腿溜子，而是：

（1）用耧犁耧沟，随后由另一人在沟中撒子，如种胡荽所说“耧耩作垅，以手撒子”；

（2）有时则用犁开沟，就是种大小麦说的“逐犁掷之”；

（3）还有就是为了种的深些，播幅要求宽些，采用一沟内耩两遍的办法，使播种沟耩得深些阔些，即所谓“重耧耩地，使垅深阔”，种大葱、苜蓿都采用这样的种法。但无论是耧播还是用手下子，都必须预先把地整熟为条件。

32. 穞生、旅生

植物不种自生叫作穞或穞生，字也写作“秜”或“旅”。

33. 浪花、狂花

《齐民要术》种瓜指出，不是长在歧（支蔓）上的花，“皆是浪花”，终究不会结瓜。这浪花指雄花，所以不结瓜。描述很正确。种枣指出，当枣花盛花时应该用棍棒在枝间敲打，枝条受震动，使“狂花”震落。这狂花指盛开过多的花，《齐民要术》采用震落的方法疏去。这是我国疏花保果的最早记载。

34. 镰伤

镰伤是我国现在北方口语的“伤镰”，指收割过早籽粒不饱满。今北方有

“高粱伤镰吃好米，谷子伤镰一把糠”的农谚，是说高粱不妨提早收割，但谷子过早收割就多秕糠了。清代祁寯藻《马首农言》记载山西农谚说：“麦子伤镰一张皮”，解释说：“伤镰谓刈太早也”，收割过早，子实没有成熟，因此籽粒不饱满，秕糠就多了。

35. 漏蹄

马病一种，指蹄底生疮，包括蹄底蹄皮炎、蹄叉腐烂、蹄叉癌等。

36. 辣

辣是舂、磨到某种程度的特用口语，指酿造原料的粉碎程度，《齐民要术》见于酿醋。凡磨谷物时，由于在磨眼中一次所添谷物的多少不同，其粉碎程度也不同。添得越多，磨得越粗。再多，就仅仅脱壳，稍稍轧破而已。有时需要这样做，就采用这样的磨法。《齐民要术》说：“辣谷令破”，就是仅仅轧破的磨法，不同于磨成粉面之类。这个磨法，正字应作“㓤”，《齐民要术》是借用了同音的“辣”字。

37. 漉

指隔出水中固体物。操作方法是从上面捞，或者从下面沥去水液。对固体物来说，却有取舍的不同：首先，不要固体物，如卷四《柰林檎》篇中的“以罗漉去皮子”，卷五《种蓝》篇的“漉去荄”等是漉去固体物不要。其次，需要固体物，如卷六《养羊》篇的漉去曝干，“漉酪”，卷七《造神曲并酒》篇的“漉出冻凌”等，是漉取需要的固体物，而“漉酪”是从下面沥去水液。

38. 滤

指过滤渣滓，需要的是液汁。如卷五《种红蓝花栀子》篇的“绢袋滤”，卷六《养羊》篇的“滤熟乳”，卷九《醴酪》篇的“绢滤取汁”，《煮胶》篇的“滤去滓秽”等。

39. 漫掷

漫掷是任意撒子，只求稀疏均匀，没有落在哪一处的限制，《齐民要术》有时简称“掷”，又称“漫撒”“漫种”，相当于今天的撒播。《齐民要术》开荒地种黍穄，大田种葵菜。又，种大麻、胡麻、茭豆、小豆、水稻、蔓菁、红花，以及种柞树等，采用这个方法。漫掷的技术要求，通常必须以整地精熟为前提，然后撒播。根据种子特性、土壤水分和某种技术要求而采用此法。通常要求浅播时采用之。例如，胡麻种子细小，顶土力弱，要求浅播，就先用耧耩，然后漫掷（《齐民要术》叫作“耧耩漫掷”），催过芽的的胡荽，也采用散播；如果土壤水分少，要求播得深些，则采用耧种，不行散播。种楮、种槐有某些技术要求，则和胡麻子一起耧耩漫掷。荏（白苏），容易生长，在园畔随便撒子就可以。根据种子特性、土壤墒情以及技术要求的不同，合理掌握运用。

40. 抛子种

抛子，指抛开地里的落子，不是说把种子抛得高高的撒下。这是指种大麻。大麻不宜重茬，抛开落子就是换茬种在别的地里，不在同地连作。这和“兑风”(读“院”）子相反。抛子指母子相离，(兑风）子是母子同地。清代《知本提纲》记载陕西关中地区的俗语说：“入地者为母，新收者为子。”又，萝卜早春播种当年收子的，现在山东等地农民叫作“子母种”，就是母子同年种收的意思。贾思勰是山东人，从这些俗语似乎可以反映当时有这样的俗语：就是管重茬叫“（兑风）子”，管换茬叫“抛子”。

41. 歧、栟

歧是分叉的意思，指分枝，包括侧茎、支蔓、树桠等。例如，《齐民要术》种葵菜说到阴历八月半靠近地面剪去主茎，“留其歧”，歧指主茎下部长出的侧茎，留着使长成肥嫩的新菜。种李说到“李树歧中”，则指李树桠杈。可注意的是贾思勰对瓜的生长特性的科学认识。甜瓜的绝大多数品种是主蔓上不开雌花，支蔓（子蔓、孙蔓）上才开雌花结瓜。贾氏称支蔓为“歧”。他已正确认识到甜瓜的雌花发生在歧上的这一特性，所以他采取这一种利用谷子秸秆作支架引蔓的方法，使多结瓜。他的实践总结是：支架多了蔓就广，蔓广了分歧就多，分歧多了结瓜就多，因为瓜总是长在“歧头”上的。观察完全正确。不过那时还没有采用打心的办法来促进分歧加多。栟，同“蘖”，就是蘖生新株适用于老株的更新复壮。例如，葵菜贴地面切去老茎，促使根茎部重新长出新茎，《齐民要术》将老树齐地砍掉（应保留根茎部）刺激根茎部潜伏芽蘖生新株，《齐民要术》说“栟上生”的又可成为少壮的桃树。

42. 劁

是收割的意思，但《齐民要术》有二种特殊用法，不是一般的收割，一是指割穗，如《种瓜》篇说到先种晚谷子，熟了“劁刈取穗”；《收种》说到穗选选取优良单穗“劁刈高悬之”。一是为了麦子贮存过夏，收割时把麦子割倒，薄薄的摊在地里，再放火烧过，叫作“劁麦”，可以防虫。稻子的存贮也采用此法。不过这样的办法未免粗暴些，而且也不容易掌握“火候”，火力不足烧不尽害虫，烧过头了造成严重落粒和变质，弊多利少，后人没有采用。

43. 茹

《齐民要术》的茹，通常当“裹”字用；但用于树的生长时则当“枷”字用，指树干短矮，枝条丛杂过密，乱蓬蓬的。如种榆说，榆苗三年内最忌打顶梢，否则使榆苗“科茹不长”。这是说小榆树被截取顶梢后，树干长不高，截口和下部长出丛密的分枝（“科茹”）形成臃肿杂乱的样子，影响日后取材。

44. 弱炊、沃饙

酿酒的饭必须熟透使充分糊化才能下酿。《齐民要术》的糊化方法有弱炊和沃饋两类。(1) 弱炊：就是炊的软熟，使充分软化。《齐民要术》的方法是“再馏”“报蒸”。一馏饭没有熟透，所以必须添水复蒸，即所谓“再馏弱炊”，使米粒软硬一致，生熟均匀，糊化透彻。报蒸即回蒸，也就是添水回蒸。

饋：字书解释是“半蒸饭”“一蒸饭”，即蒸汽初次上甑就不再蒸煮的未熟饭。由于未熟，所以叫“半蒸”；由于不再添水复蒸，所以是“一蒸”。这种饭不能酿酒，必须再经软化，使无生心、白心现象，以利于有益微生物的营糖化、酒精发酵作用。软化方法是把一蒸饭在瓮中趁热灌进适量的锅底沸汤，使饭粒胀满熟透，达到糊化透彻。这个方法叫作“沃饋”（沃，浇灌的意思)。沃饋比软炊更烂些，要求在酒饭要极熟软的情况下采用。但是，酒饭落缸后要经过多次搅拌，以便拌匀曲、饭和调节温度，沃饋泡的很烂，多次搅拌后容易发糊，不利于菌类的繁殖，并且有碍于成品酒的压榨，使酒液重浊不醇，糟粕增多。《齐民要术》为了避免这个缺点，有时不是全部用沃饋下酿，而是前半用沃饋后半用再馏来调节清浊。因为再馏饭糊化透彻而不过烂，搅拌后不易发毛，糖化、酒化比较完全。所以酒质较为淳净，出酒率也比较高。弱炊或沃饋，无非为了使酒饭熟透，但熟透并非非弱炊或沃饋不可。《齐民要术》因酿造技术不同，有时采用预先浸米一宿使米饭泡胀，只要炊成“一馏饭”就可以了，不必再馏弱炊，也用不着沃饋，已经熟透了。

45. 势、汛

这指的是酿酒过程中的酒化情况。势，指曲的酒化力。投饭必须与曲的酒化力相应，掌握时机，适时适量继续喂饭。曲力盛时不投，则曲多饭少，酒味淡薄而苦；酒力过后再投，则曲少饭多，酒味变甜，增加出糟率，都会影响酒质。汛，是潮汛，引申为测候、汛候。《齐民要术》在酿酒发酵末期投入少量的饭作为汛候剂，以测候酒味是否达到标准要求，叫作“汛米”。

46. 铁齿楱楱

牲畜拉的铁齿耙（人字耙或方耙)，《齐民要术》叫铁齿楱楱。耕后用这个耙细土块，平整土地，灭茬除草。也用于苗期的中耕松土。《齐民要术》另有“铁齿耙”（也写作“铁耙”），则是手用钉耙，不是牲畜拉的铁齿镂楱。手用钉耙用来松土耙土，没有见到用手掘地，则是轻型短齿钉耙，不是掘地用的重型钉耙（有的地方叫铁搭)。《齐民要术》掘地是用“鲁斫”，其操作叫“斸”，就是掘、刨的意思。鲁斫是重型单刃的大锄叫作“镬”，也叫作“镬头”。《齐民要术》又有“锹”，用来挖坑。

47. 棠、掌

这二字是同一字，读“成”，是碰动、抵触的意思，不是棠梨或手掌。《齐民要术》说，果木嫁接或移栽后不要去“棠近”或“掌拨”，就是说不要去碰动它，以免影响成活。

48. 条中子

蒜薹上长出的蒜珠，《齐民要术》叫条中子，现在俗名天蒜。蒜珠跟蒜头相似，但个体很小，瓣数多而极细小。《齐民要术》用蒜珠进行繁殖，提高了大蒜的繁殖率和产量，并且使植株强健，起到复壮作用。现在蒜珠被采用为防止蒜种退化，提高种性的措施之一。

49. 填嗉

嗉，指鸟类食管末段暂时贮存食物的膨大部分，即嗉囊，俗称嗉子。《齐民要术》指鹅鸭嗉囊。填嗉，是给雏鹅、雏鸭一顿饱食。鹅鸭幼小时生长特别快，可消化器官发育还不完全，消化功能尚不健全，如果一开始就给予干硬食物，往往消化不了，会阻噎而饥饿致死。《齐民要术》采取先把粳米煮成烂粥一顿饱饲的办法，叫作“填嗉”。这样，粳米经过充分软化成糊状，能顺利进入嗉囊，易于消化吸收，并有刺激和促进消化器官发育的作用。以后就可以喂给粟饭加切碎嫩菜的混合饲料了。

50. 卧

酿酒工序之一。将和好的曲料或曲块放进曲室中培养曲菌叫作“卧”。卧是古时的通语，也称“寝卧”，又称“罨”“燠”“暍”等，现在随俗异呼，这些“术语”还保留在各地群众口语中。曲块培菌阶段必须在密闭的房室中进行，上面用物覆盖，有时下面用物衬垫，让曲块静放着，在保持一定的温度和适度的条件下，使有益微生物顺利繁殖，因此叫“卧”或“寝卧”。由这一意义引申，凡在一定的容器中密闭着保持合适的温度使某种变化顺利进行都叫“卧”。《齐民要术》除卧曲外，还有卧酪、卧酒糟醋、卧饴糖饭等。

51. 泄根

这是人工砍伤果木根部促使萌发根蘖从而取得新栽的方法。《齐民要术》的方法是离开大树数尺绕着大树掘坑，露出（“泄”）侧根，把它切断，促使伤口萌发不定芽，以后长成新植株——根蘖苗，就可以把它切作为栽子。根蘖苗、压条苗出自母株，有保持母株优良性状的优点。泄根法，《齐民要术》用于不易自然发生根蘖的柰、林檎或不开花不结实的楸、白桐等果木。楸是异化授粉植物，如果单株自花授粉，由于花粉在柱头上不能发芽，或发芽后不能受精，往往开花儿不结实；但如果二株实生树生长在一起，经过昆虫传粉，便能结实。泡桐雌雄异株，如果单株或同性植株生长在一起，也是开花不结实。《齐民要术》说楸不结子，泡桐“花而不实”，所见该是这种情况，所以要采用泄根法来诱发根蘖取栽。柰、林檎不易自发根蘖，处采用压条法繁殖外，也采用泄根法取栽。《齐民要术》概括的指出：“凡树，栽者皆然矣。”是说凡是不易取栽的，都可以行泄根法取栽。

52. 禾奄青

掩埋的意思，耕作方式之一，是指通过耕翻把青草掩埋在地里作为绿肥，现在写作“掩青”，也叫“压青”。压青后青草腐化形成腐殖质，能提高土壤保肥、保水性能，也能缓冲土壤酸碱度，有利于微生物的活动和作物生长。现在有的地区以压青的多少预测来年收成的好坏。《齐民要术》说，压青与用豆科作物作绿肥一样肥美。

53. 压枝

就是今天的压条。《齐民要术》对桑树、柰、林檎、木瓜的繁殖，有时采用压条法切取压条苗为栽子。

54. 转

耕作方式之一，转是第二次耕作。《齐民要术》也写作“转地”。又有“再转”，则是第三遍耕。

55. 泽

泽是土壤水分的总概念，有时指雨水，也指灌溉水，很多场合指土壤墒情；又称“湿”“润”“液”。

泽的来源：

(1) 雨水。如“春泽多”“泽多者”，指雨水较多的情况；种胡麻，“欲截雨脚”，要在雨停时接雨脚就种，即所谓“缘湿”而种，否则不易出苗；种谷子，“遇小雨，宜接湿种”，就是趁小雨土湿时随即下种。

(2) 灌溉水。如种葵菜，“下水令彻泽”；移栽茄子，“浇水令彻泽”；初冬土壤未结冻前播种的葵菜（明春出苗），阴历十二月浇遍一次井水，“悉令彻泽”。“彻泽”是说把水浇透。《齐民要术》十二月浇井水是进行冬灌最早的记载。

(3) 压雪。冬播葵菜，每下一次雪就在地里耢一次雪，把雪压实，这样，春天葵菜出苗以后，可以到四月（阴历）以前不要浇水，因为“雪势未尽”，还留有余墒。初冬区种甜瓜、冬瓜、瓠子、茄子等（均明春出苗），大雪时把雪推入区（播种坑）中堆积起来，雪融化后，“旱亦无害”。

润泽：

(1) 润泽通常指土壤有良好的墒情，适宜于耕作、播种和作物生长。例如，作物秋收后来不及秋耕时，即速进行浅锋破土灭茬，那么地就“润泽而不坚硬”，可以到初冬耢耕，不至于枯旱；谷子中耕不宜于用耩，但万一耩了，收割之后即速浅锋灭茬，还可保持“润泽易耕”，否则大恶。这是关于耕作。

(2) 种胡荽（芫荽），秋耕地开春解冻了，“有润泽时”，赶快趁墒播种。种花椒，畦中水干了就浇水，“长令润泽”，促使发芽出苗。这是关于播种。

（3）初冬区种甜瓜，大雪时推雪在坑中，“常有润泽，旱亦无害”；同样，区种冬瓜、瓠子、茄子等，推雪在区中，则土壤“润泽肥好”。桑苗行间间种绿豆、小豆，好处是“二豆良美，润泽益桑”，这个“润泽”是指豆株遮阴减少土壤水分蒸发，有利于桑苗的生长。栽树和扦插石榴等，要随时浇水，“长令润泽”。这是关于作物生长和栽植成活。

润泽也指植物的含水量，例如，采收桑叶要在早上或傍晚，则桑叶“润泽”，这是指桑叶含水分较多，比较柔润。

56. 及泽

及泽是指赶上和趁着良好的土壤墒情，不能错过时机。贾思勰不相信迷信忌日，指出种庄稼第一要紧的是“以时，及泽”，就是指的赶上好墒情。又种麻（大麻）引农谚说：“五月及泽，父子不相借。”是说“及泽”时间紧迫，父子之间也不能通融。《耕田》篇说到春耕后必须随时耮盖，因为“泽难遇”，不能贻误时机。都十分强调抢墒、趁墒的重要性。

（1）在具体作业上，抢墒、趁墒的技术语言，灵活多样，如接泽、接湿、接润、借泽、耧润等，《齐民要术》中随处可见。

（2）墒，按照土层的深浅，可分为表墒（0~20 厘米）、底墒（20~50 厘米）和深墒（50~100 厘米）。《齐民要术》的“及泽”也指及到表土下层的水分，如种大豆要求种的深，所谓“苗深则及泽”，指能摄取表墒以下的较深层的水分。

57. 保泽

保泽就是今天说的保墒。例如：“再劳地熟，旱亦保泽”；冬播葵菜，“劳雪令地保泽”；移栽树木，浇水后要覆盖细土，“覆则保泽”；等等。

58. 栽

《齐民要术》栽的含义，作为动词，就是栽植；作为名词，则指栽子，就是树栽。栽子的来源，通常指无性繁殖的树苗，包括分株和压条，偶尔也指播种苗（实生苗）或野生苗。根蘖分株、压条，播种苗、野生苗都是自成一新植株，《齐民要术》才叫“栽”；至于扦插，它的繁殖材料只是单纯的枝条或根段，不是新植株，《齐民要术》绝不叫“栽”，而且由于其材料易得，技术简单，《齐民要术》还把白杨和柳等的扦插叫“种”（当然，扦插的操作也可叫“栽”，如石榴）。有的书和文章拿扦插总括《齐民要术》“栽”的全部，也有人硬分《齐民要术》的“种”为有性繁殖，“栽”是无性繁殖，都是对《齐民要术》的“栽”“种”没有进行全面分析过早下的结论。

59. 镞锄

镞是一种锄法，利用锄角进行间苗松土，比用手快，但缺点是“要密不能

密”。《齐民要术》卷五《伐木》篇附载种地黄法说到锄地黄要用特制的“小刃锄”，可见鏃不是小刃锄，而是一种锄法。

60. 早烂

烂是熟透；引申为完尽、结束，基本上与“阑”相当，非指腐烂。早烂，《齐民要术》指瓜株早衰，瓜园过早罢园收场。《齐民要术》指出，鲁莽地进入瓜园踩着瓜蔓，把蔓踩破，摘瓜时常常翻动瓜蔓，都会使瓜株长不茂而早衰，造成瓜园“早烂”（连根拔掉罢园收场）

61. 蚛颡

蚛是被虫咬；颡是额。《资治通鉴》唐太宗卷中记载侯君集的马患“蚛颡”病，拍马屁的赵元楷用手蘸着浓汁闻闻。注解说：“虫食曰蚛。”这是指马额部的脓疮。但《齐民要术》不是指这个，是指羊的呼吸道感染。《齐民要术》说，牧羊不能赶得太快，太快了会引起“坌尘而蚛颡”。“坌”是尘土；坌尘，作动词用，指尘土飞扬。颡，借作“嗓”字，指喉咙。蚛颡是说羊跑得太快，呼吸急促，吸入较多的飞扬尘土，因而引起呼吸器官疾病，如鼻疽，咽喉肿胀之类。

62. 早烂

烂是熟透；引申为完尽、结束，基本上与“阑”相当，非指腐烂。早烂，《齐民要术》指瓜株早衰，瓜园过早罢园收场。《齐民要术》指出，鲁莽地进入瓜园踩着瓜蔓，把蔓踩破，摘瓜时常常翻动瓜蔓，都会使瓜株长不茂而早衰，造成瓜园“早烂”（连根拔掉罢园收场）。

63. 蚛颡

蚛是被虫咬；颡是额。《资治通鉴》唐太宗卷中记载侯君集的马患“蚛颡”病，拍马屁的赵元楷用手蘸着浓汁闻闻。注解说：“虫食曰蚛。”这是指马额部的脓疮。但《齐民要术》不是指这个，是指羊的呼吸道感染。《齐民要术》说，牧羊不能赶得太快，太快了会引起“坌尘而蚛颡”。“坌”是尘土；坌尘，作动词用，指尘土飞扬。颡，借作“嗓”字，指喉咙。蚛颡是说羊跑得太快，呼吸急促，吸入较多的飞扬尘土，因而引起呼吸器官疾病，如鼻疽，咽喉肿胀之类。

第二节　口语性

《齐民要术》语言的口语性首先表现在词汇上，它使用了一大批当时的口语词；其次是反映在语法上，有不少中古时期新兴的语法现象。这里随便抽取书中的几段文字，来真切地感受当时的口语大概是个什么样子：

凡耕高下田，不问春秋，必须燥湿得所为佳。若水旱不调，宁燥不湿。燥耕虽块，一经得雨，地则粉解。湿耕坚垎，数年不佳。谚曰：“湿耕泽锄，不如归去。”言无益而有损。湿耕者，白背速鏤之，亦无伤；否则大恶也。春耕寻手劳，古曰“耰”，今曰“劳”。《说文》曰：“耰，摩田器。”今人亦名劳曰“摩”，鄙语曰“耕田摩劳也”。秋耕待白背劳。春既多风，若不寻劳，地必燥。秋田㙠实，湿劳令地硬。谚曰：“耕而不劳，不如作暴。”盖言泽难遇，喜天时故也。

（卷一“耕田”，27—28页）

染潢及治书法：凡打纸欲生，生则坚厚，特易入潢。凡潢纸灭白便是，不宜太深，深则年久色暗也。入浸蘗熟，即弃滓，直用纯汁，费而无益。蘗熟后，漉滓捣而煮之，布囊压讫，复捣煮之，凡三捣三煮，添和纯汁者，其省四倍，又弥明净。写书，经夏然后入潢，缝不绽解。其新写者，须亦熨斗缝缝熨而潢之，不尔，入则零落矣。豆黄特不宜裛，裛则全不入潢矣。凡开卷读书，卷头首纸，不宜急卷；急则破折，折则裂。以书带上下络首纸者，无不裂坏；卷一两张后，乃以书带上下络之者，稳而不坏。卷书勿用鬲带而引之，非直带湿损卷，又损首纸令穴；当衔竹引之。书带勿太急，急则令书腰折。骑蓦书上过者，亦令腰折。书有毁裂，劀方纸而补者，率皆挛拳，瘢疮硬厚。瘢痕于书有损。裂薄纸如薤叶以补织，微相入，殆无际会，自非向明举而看之，略不觉补。裂若屈曲者，还须于正纸上，逐屈曲形势裂取而补之。若不先正元理，随宜裂斜纸者，则令书拳缩。凡点书、记事，多用绯缝，缯体硬强，费人齿力，俞污染书，又多零落。若用红纸者，非直明净无染，又纸性相亲，久而不落。

（卷三“杂说”，226—227页）

凡栽树，正月为上时，谚曰：“正月可栽大树。”言得时易生也。二月为中时，三月为下时。然枣——鸡口，槐——兔目，桑——虾蟆眼，榆——负瘤散，自馀杂木——鼠耳、虻翅，各其时。此等名目，皆是叶生形容之所象似，以此时栽种者，叶皆即生，早栽者，叶晚出。虽然，大率宁早为佳，不可晚也。

（卷四“栽树”，256页）

牧羊必须大老子、心性宛顺者，起居以时，调其宜适。卜式云：牧民何异于是者。若使急性人及小儿者，拦约不得，必有打伤之灾；或劳戏不看，则有狼犬之害；懒不驱行，无肥充之理；将息失所，有羔死之患也。唯远水为良，二日一饮。频饮则伤水而鼻脓。缓驱行，勿停息。息时不食而羊瘦，急行则坌尘而蚛颡也。春夏早放，秋冬晚出。春夏气软，所以宜早；秋冬霜露，所以宜晚。《养生经》云：“春夏早起，与鸡俱兴；秋冬晏起，必待日光。”此其义也。夏日盛暑，须得阴凉；若日中不避热，则尘汗相渐，秋冬之间，必致癣疥。七月以后，霜露气降，必须日出霜露晞解，然后放之；不尔则逢毒气，令羊口疮，腹胀也。

（卷六“养羊”，423页）

上述四段文字不足一千字，反映当时口语的词语和表述法就有：不同，必

须，不调，块，粉解，坚垎，不佳，归去，白背，鏤楱，大恶，寻手，劳，摩，寻，土㬎实，硬，作暴，泽，打纸，特，潢纸，灭白，便是，年久，熟，滓，漉，添和，明净，绽解，熨斗，零落，豆黄，衷，全，开卷，卷头，急，破折，坏，书带，（一两）张，鬲带，穴，骑蓦，毁裂，率皆，挛拳，癖痕，补织，看，略不，屈曲，还，裂取，无理，随宜，拳缩，点书，硬强，红纸，相亲，栽树，上时，中时，下时，虾蟆眼，自馀，负瘤散，虻翅，此等，名目，象似，栽种，大老子，心性，宛顺，急性，拦约，劳戏，打伤，不看，懒，驱行，肥充，将息，脓，停息，坌，蚛，气软，所以，以后，毒气；宁燥不湿，一经得雨，布囊压讫，须亦熨斗缝缝熨而潢之，卷一两张后；等等；《齐民要术》的口语性之强，由此略见一斑。

《齐民要术》引用谚语特别是农谚、俗语、歌谣几十条，是当时口语的真实记录，十分珍贵，比如：

谚曰："智如禹、汤，不如尝更。"（序，8 页）

谚曰："一年之计，莫如树谷；十年之计，莫如树木。"此之谓也。（同上，10 页）

谚曰："湿耕泽锄，不如归去。"言无益而有损。（卷一"耕田"，38 页）

谚曰："欲得谷，马耳镞。"（卷一"种谷"，66 页）

谚曰："回车倒马，掷衣不下，皆十石而收。"（卷一"种谷"，66 页）

谚曰："以时及泽，为上策"也。（同上，73 页）

谚曰："家贫无所有，秋墙三五堵。"（同上，74 页）

谚曰："顷不比亩善。"（同上，83 页）

谚曰："桃李不言，下自成蹊。"（同上。92 页）

谚曰："椹厘厘，种黍时。"（卷二"黍穄"，102 页）

谚曰："穄青喉，黍折头。"（卷二"黍穄"，102 页）

谚曰："前十鸱张，后十羌襄，欲得黍，近我傍。"（同上，105 页）

谚曰："立秋叶如荷钱，犹得豆"者，指谓宜晚之岁耳，不可为常矣。（卷二"小豆"，115 页）

谚曰："与他作豆田。"（同上，116 页）

谚曰："夏至后，不没狗。"或答曰："但雨多，没橐驼。"又谚曰："五月及泽，父子不相借。"言及泽急，说非辞也。（卷二"种麻"，118 页）

语曰："湖猪肉，郑稀熟。"山提小麦，至黏弱；以贡御。（卷二"大小麦"引《广志》，126 页）

歌曰："高田种小麦，稴䅖不成穗。男儿在他乡，那得不憔悴？"（卷二"大小麦"，127 页）

故谚曰："子欲富，黄金覆。"（同上，133 页）

谚曰："种瓜黄台头。"（卷二"种瓜"，156 页）

谚曰："触露不掐葵，日中不剪韭。"（卷三"种葵"，177 页）

谚曰："生啖芜菁无人情。"（卷三"蔓菁"，188 页）

谚曰："左右通锄，一万馀株。"（卷三"种蒜"，191 页）

谚曰："葱三薤四。"（卷三"种薤"，196 页）

谚曰："韭者懒人菜。"（卷三"种韭"，203 页）

谚曰："木奴千，无凶年。"（卷四"种梅杏，282 页）

谚曰："鲁桑百，丰绵帛。"（卷五"种桑、柘"，317 页）

谚曰："不剶不沐，十年成毂。"（卷五"种榆、白杨"，339 页）

刘勰在《文心雕龙·书记》云："夫文辞鄙俚，莫过于谚。"确是知言之说。如"智如禹、汤，不如尝更"，"更"表示经历，经过之义，"少不更事"的"更"即是这个意思。当代中青年见到"智如禹、汤，不如尝更"，觉得不够押韵，若把第二句的"尝更"颠倒过来，读"不如更尝"倒觉得更符合韵脚。再如"男儿在他乡，那得不憔悴"中"男儿"和"那得"都是当时的口语词。"触露不掐葵"的"掐"也是口语词。谚语不仅富含口语词和方言成分，且多押韵。

第三节 地域性

地域性是指它反映了当时的方言，主要是方言词汇。研究"贾思勰与《齐民要术》"极有造诣的原山东大学栾调甫教授曾指出："《齐民要术》音注为地方音"，他详细考证了《齐民要术》卷三"种胡荽"中的一条音注："六月连雨时，穞（音吕）生者亦寻满地。"认为"穞"本作"旅"，最早见于《东观汉记》的"天下野谷旅生谷子"，而"旅"自古就有"鲁"、"吕"二音，现代山东方言仍有此分别，东部地区读作"鲁"，西部地区读作"吕"。所以贾思勰注"音吕"是读的他的家乡（寿光）音。正因为"穞"有"吕"音，所以才造出一个异体字——"秜"。

有一批北方方言词，比如：博（换取；贸易），不用（不能，不要），得（行，可以），断手（结束，完毕），对半（两边各一半），浑脱（整个儿地剥脱），仍（仍然），伤（副词，太；失于），剩（阉割），岁道（时令；时运），外许（外面），寻手（随手，随即），预前（事先，预先），在外（除外，不计在内）等。汪维辉先生曾把《齐民要术》和同时期南方文献《周氏冥通记》作了一个比较，可以看出当时南北方言的若干词汇差异。

笔者虽不才，出于对乡贤的无比崇敬，前些年曾对《齐民要术》的词汇的地域性做了粗浅考察，完成了论文《从〈齐民要术〉用词特点看寿光方言的历史传承》，这里把拙文附后，请读者参阅。

附：从《齐民要术》用词特点看寿光方言的历史传承

刘效武

杰出古代农学家、北魏高阳太守贾思勰撰著的农业科学名著《齐民要术》，不仅是饮誉古今中外的农业百科全书，而且是考察当时我国北方历史语言的重要语料。作者贾思勰运用北方通语，为后代研究北魏语言状况，提供了一个极好范例，也为了解寿光方言的历史传承和演变，构架了一座难得的桥梁。历代研究这部名著的语言学者连续不断，当代亦不乏其人。有学者研究认为，《齐民要术》的语言具有专业性、口语性和地域性这样三个鲜明特点。囿于笔者学力浅陋和篇幅原因，拙文对“专业性”“口语性”特点暂且不论，仅对“地域性”，即反映当时寿光一带的方言词语进行了粗略调查，目的在于考察当代与1500年以前的方言状况有何相通之处，它反映出寿光方言的哪些特点和规律。相信这也是一个颇有探索价值的语言文化课题。

人们知道，《齐民要术》成书于6世纪三四十年代。作者贾思勰系山东寿光人，曾做过高阳（现淄博市临淄区西北，时与寿光相邻）太守。他一生除到过冀、晋、豫等黄河中下游地区考察农业生产状况外，多数时间于齐郡腹地为官。其间，深入农牧业生产，刻苦钻研农业知识，终于撰成农业科学专著《齐民要术》。

时下，不少学者教授颇为明确地指出，这部划时代农业科学著作，全书语言是“北朝通语+山东方言”。这种判断确凿不疑，令人信服。尽管汉语词汇的地域性问题较为复杂，加之时代相隔久远，而南北朝亦属于历史上的动荡不安时期，由于民族迁徙频繁，方言必然受到一定冲击。然而大量研究成果表明，历代北方通语“多古语”，方言也相对稳定和保守。

因此，选择《齐民要术》中使用频率较高的方言词语，与近现代地域性颇浓的寿光方言词汇相比较，基本能够看出古今方言传承的某些客观事实。

山东大学文学与新闻传播学院语言研究所副所长、博士生导师、寿光籍学者张树铮教授，出于对家乡语言的热爱，于20世纪90年代中期，编撰出版了《寿光方言志》。该书凡五章，第三章词汇部分，专门收集寿光方言词语2500余条，内容约占全书的一半以上。这里拟从《齐民要术》中引用的方言词语，按词性分类加以分析对照，可以较好地印证拙文上述提出的这一浅见。这样做，无论对于《齐民要术》本身语言文字的理解，还是加深寿光方言历史的探讨研究，都将起到启示和借鉴作用。

首先，从名词术语，如庄稼、蔬菜、瓜果、农具等作以比较。

“刈穄欲早，刈黍欲晚。[穄晚岁零落，黍早米不成]”（《齐民要术》卷二·黍穄第四）

北方农作物中的“黍”“穄”均属黏性类的谷物，但与一般的“黏谷子”不同。因为“黍穄”和“黏谷子”碾去糠皮，颜色、颗粒大小与“小米”较难区别，只有做成“稀粥”或“米饭”，才会尝到其不同味道。过去种植“黍”或“穄”，几乎成为寿光人的专利，因为去皮磨面，做成“黏糕”特别好吃。而外地人都用“黏谷面”做糕，比起“黍穄面”蒸糕，逊色了许多。当前，因寿光水浇条件较好以及土地肥沃，都改种大棚蔬菜，其余田地种植小麦和玉米，人们舍不得再去培植收益较低的杂粮了。故这里50岁以下的年轻人已不清楚“黍”“穄”之类谷物了。谈及此，有件往事似可引作旁证：20世纪60年代初，时任中央民族学院历史系教授的舅父徐宗元先生，因注疏古代文献，但对谷物缺乏详细了解，于是来函云“我注释《方篇》涉及这些问题。程瑶田的《九谷考》、刘宝楠的《释谷》，虽是经学名著，都不清楚。王渐鸿的《乡党图考补证》，又语焉不详。我想用郝懿行注《尔雅》的方法，询之于老农，其结论必与《齐民要术》相合。”因此我遵嘱在向老农做了详细考察的基础上，结合自己的感性认识，很快予以书面解答，包括像谷、莠幼苗如何辨识，黍、穄有何异同，春大麦与冬小麦区别等。舅父复信表示满意，解决了他注疏中的一些含混不清的问题。

就蔬菜、瓜果而言，寿光乡民自古迄今有栽种蔬菜的良好传统，如“芫荽”“瓠子”“蔓菁”“西葫芦”等。种植“葱”“韭”更为普遍，这些菜也是过去百姓常吃及零花钱的主要来源渠道。特别是“寿光葱”“马莲韭”，味道鲜美，久负盛名。贾思勰在《齐民要术》中，专门设立“葱”、“韭”两章介绍栽培收剪要点。若不熟悉具体情况，甚至亲手操作体验，颇难做出如下恰如其分之说明：

七月纳种，至四月始锄。……剪欲旦起，避热时。……十二月尽，扫去枯叶枯袍。二月、三月出之。收子者，别留之。（《齐民要术》卷三·种葱第二十一）

收韭子，如葱子法。……二、七月种。高数寸剪之。至正月，扫去畦中陈叶。冻解，以铁耙耧起，下水，加熟粪。韭高三寸便剪之。剪如葱法。一岁之中，不过五剪。（《齐民要术》卷三·种韭第二十二）

再如农具、遮盖物等，《齐民要术》中的名称完全与现在的相同，譬如：

“……两脚耧，种垅概，亦不如一脚耧之得中也”（《齐民要术》卷一·耕田第一）

“……铁齿耙耧之，令熟，足蹋使坚平下水，令彻泽”（《齐民要术》卷二·种葵第十七）

“井别作桔槔、辘轳。井深用辘轳，井浅用桔槔。”（《齐民要术》卷二种葵第十七）

上面提及的“一脚耧”“两脚耧”“铁齿耙”“辘轳”等，都是过去寿光民间农业生产中的常用农具。“耧”类笨重原始农具，现已被“播种机”替代。“铁齿耙”，也叫“铁耙”“扒耙子”，现仍用来平整畦面，使土块匀细。至于“辘轳”，更是寿光农村用来汲水浇庄稼和蔬菜的专用工具，几乎家家户户备有，后来逐渐被“水车”“水机子”“水泵”置换。因为寿光乡民擅长种菜，又兼顾晾晒杂粮及小枣之类的杂物，像箔类盖帘更是一应俱全。贾思勰在《齐民要术》中多处提及，这说明其源久深。制作箔类的原料多种多样，眼下阳光式冬暖蔬菜大棚保温遮盖物，除了薄膜，上面的卷帘多数用稻草制成，是菜农们种大棚蔬菜必备之物；过去制作箔类，多用苇草和谷、麦秸秆，一般就地取材，废物利用，因而出现苇箔、草帘、稿荐等不同名称。应当感谢勰翁这样的大农学家和当代语言学者，他们费神劳力撰著《齐民要术》及“方言志”之类的专著，搜集并保存了大量古代和当代的重要资料。否则这些文化遗产，很可能被历史尘埃湮没而失传。若干年后，人们再目睹咱们及前人经常用过的农具、日用品等，说不定也像从历史教科书上或博物馆中看到远古社会的耒、鬲、鼎、爵等文物一样，不仅说不出用途，连名称也不得而知了。

其次，从动词，如耕种、收获、饮食生活诸情况，去考察《齐民要术》之选词用语，仍可看到许多与寿光当代方言词语对应的地方。

“耕荒毕，以铁齿鳎楱，再遍杷之，漫掷黍穄，劳亦再遍。明年，乃中为谷田。”（《齐民要术》卷一·耕田第一）

“可糶大小豆、胡麻。糴穬、大小麦。”（《齐民要术》卷三·杂说第三十》

“盛暑，日曝使干，渐以手摩挲、散为末。”（《齐民要术》卷四·种枣第三十三）

“曝使干。饮酒时，以汤洗之，漉著蜜中，可下酒矣。”（《齐民要术》卷四·种李第三十五）

上面四例均属运用动词的情况。“耙”即“耙地”，“之”为代词。“耕地”“耙地”“耩地”等词，至今寿光人仍继用；“糶”“糴”二字，今分别简化为“粜”“籴”，去掉声旁，只保留形旁。此两字构造耐人寻味：“卖（出）米”为“粜”；“买（入）米”曰“籴”。过去寿光乡民们说：“粜了小麦，籴高粱，真会过日子！”其实，当今恰恰相反，因为小麦多，杂粮少；“高粱面”，比“白面粉”还贵一些。再比如，《齐民要术》中将粮食“产得少”谓之“收薄”。寿光人一般把减产谓之“收轻”，与“收薄”相似。还有，如“丰实”“淋灰”“刨坑”“娶媳妇”“谨身节用”等词语，都是寿光人常说的现成话，与《齐民要术》

中写的无多大差异。“摩挲”一词，解作“用手轻轻抚着来回移动”，更是寿光妇孺皆知的方言词，现已进入规范普通话系列。寿光人自古迄今有饮酒习惯，寿光也是造曲酿酒有名的地方。“下酒”一词，不能说是寿光人的独创，但也不能把其排除在外。不然勰翁，怎么会在1 400年前就把这个词写进其农学名著呢？近些年“下酒”常与“肴（菜）”组合在一起，成固定词语。比如“手下无菜，把花生米当作下酒肴不行吗？”从以上系列词语的运用看出，寿光方言对《齐民要术》的北方方言传承，还是显而易见的。

再次，从介词、副词、连词、助词等运用情况，仍可觉察到许多相同相似之处，读来感到分外亲切。由于这些词语散见于全书之中，不宜单引例句，只能概括地附带说明：介词，如和、合、著等；副词，如仍、正、浑、不必、各自，更益、随即等；连词，如而且、所以等；助词，如许、得、已等。《齐民要术》中随处可见，不一而足。

最后，《齐民要术》还引用了大量农谚和富有哲理性的名言佳句。这些珍贵语料，既是当时北方人民在劳动中的科学总结，也是影响后代奋发有为，不断进取的指路明灯。有些至今还在寿光民间流传，经久不衰。这里仅举数例，略见一斑。

先引五条农谚：

“椹厘厘，种黍时。”（《齐民要术》卷二·黍穄第四）

“美田欲稀，薄田欲稠”（《齐民要术》卷二·大豆第六）

“叶生即锄，锄不厌数。”（《齐民要术》卷三·种薤第二十）

“韭者懒人菜”（《齐民要术》卷三·种韭第二十二）

“以贫求富，农不如工，工不如商，刺绣文不如倚市门”（《齐民要术》卷七·货殖第六十二）

再选三例名言：

“人生在勤，勤则不匮”（《齐民要术》序）

“饥寒至身，不顾廉耻。”（《齐民要术》序）

“家贫则思良妻，国乱则思良相。”（《齐民要术》序）

前五条农谚总结农业生产经验，介绍农技知识：“椹红系种黍最佳时令”；“由土地的瘠肥决定作物的稀密”；“及时划锄，次数越多越好”；“韭菜属‘懒园子’，种一茬剪多年”。后一条则扩大了农业范围，重点说及农、工、副、商四者关系，明确指出，从商致富见效最快。改革开放后的大量事实表明，四关城里村民失地经商，致富路子反而更快。这便印证了贾思勰之说的正确性，令人信服不疑。

后所举三例名言，哲理性强：“人生之计在于勤，勤劳者什么也不缺”“仓廪实而知礼节，贫穷焉能讲文明”“治国持家离不开良臣贤妻”。近年来，党和国家制定一系列政策，坚持物质文明、精神文明、政治文明一起抓，相互促进。同时引领科学发展，脱贫致富，建立和谐社会，这样做合国情、顺民意、暖人心。从某种意义上讲，这就是将上述精神发扬光大，以推动社会更好更快发展。

从《齐民要术》通篇语言文字看出，作者贾思勰不仅是杰出的农学家，而且是位通才大儒、知书达理的地方官吏，他所生活的魏晋南北朝，亦是在汉语发展史上占有重要地位时期，更是上承上古汉语、下启近代汉语的枢纽，而且部分现代方言直接导源于此，摘取《齐民要术》中的典型方言词语，与现代寿光方言词汇相对照，至少发现有四点相通之处：其一，经过作者加工锤炼的书面方言词语，不再像寿光方言白话那样粗俗土气。为与北方通语语体相吻合，引用方言词语也尽量做到简洁而文雅。其中代表寿光地域性最强的方言词，如“埝”（地方）、“稿”（东西）、“四下里”（四周）、“钀秫秫头”（用一种刀切下高粱穗）等，没有进入书面方言词语之中，显示出作者运用语言匠心独具。其二，凡属单词，尤其是名词术语，《齐民要术》中一般用单音词，如“谷”“黍”“韭”等，简明扼要。而寿光现代方言词，前者一般加“子”，即“谷子”“黍子”；后者添“菜”，写作“韭菜”。究其根源，以示简明。其三，寿光方言词存有叠音式现象，如“当当（的）”“嘎嘎（的）”“痛痛快快”。在《齐民要术》中，也出现过“（椹）厘厘”“（叶）幡幡”“（酒色）漂漂”等词的重叠情况，但极少，不普遍。其四，寿光方言词存有较多的儿化现象：如“妮儿”“棍儿”“旁边儿”等。因《齐民要术》系农业科学专著，属说明语体，这种儿化现象几乎没有在行文中出现。

魏晋南北朝历史文献披露，尽管后魏是我国历史上一个动荡不安的时期，与语言发现密切相关的是，这一时期居民的大批迁徙以及不同民族成分的融合。然而北魏孝文帝主张少数民族与汉族同化，严厉推行禁止说鲜卑语和其他少数民族语言的政策。因此，当时山东地方的方言没有受到异族统治的太大影响。不少专家学者认为，贾思勰这部科学名著博大精深，愈研究愈觉得奥妙无穷！就语言体系而讲，书中的确包含不少方言成分，但目前还缺乏系统深入研究，有待有志者进一步钩沉和探讨。倘若要准确说出此巨著中寿光方言究竟占到多大比重，保存下来现仍在应用的方言词语达到一个什么数字，恐怕还是一个谜。拙文上述涉及的方言词语仅仅一鳞半爪，还不可能窥其全貌，在此提出来只是抛砖引玉。只要对贾思勰与《齐民要术》全方位、多角度展开研究，从语言文字入手，真正读通并掌握其深刻含义，才会对吸取农业科学技术、加强社会主义新农村建设，起到强有力的推动作用。

（参见徐莹、李昌武主编《贾思勰与〈齐民要术〉研究论集》，山东人民出

版社，2013.8)

第四节 书内语言的差异性

《齐民要术》的语言存在着较大的内部差异，主要表现为三点：

首先，贾思勰自己的叙述语言和引用文献之间的差异。该书引录古文献占全书篇幅半数以上，据相关专家统计显示，不下于百余种。其中的情况非常复杂：有引用前代的，也有引用当代的；有引用北方的，也有引用南方的；有全引的，也有节引的。这些不同质的语言成分在研究中需要加以区分。缪启愉先生在《〈齐民要术〉校释》中常常指出，《齐民要术》所引南方著作《食经》《食次》中的有些词语，贾思勰所不用的。

其次，是本文和注文的关系问题。《齐民要术》有很多夹注，梁家勉先生曾将它区分为四种类型，其中大部分是贾思勰的自注，当时人著书有自己作注的习惯，比如杨衒之《洛阳伽蓝记》和沈约《宋书》有自注，谢灵运的《山居赋》、颜之推的《观我生赋》等也都有自注。《齐民要术》的自注有些可能已经跟正文互混，不过只要同是贾氏的语言，对我们的研究关系就不大。但是，《齐民要术》的小注也有一些是后人加上去的，最明显的是《汉书》的颜师古注。因此，对于注文，本书持谨慎态度，遇有可疑之处，一般不作为立论的依据。

最后，还有一些后人掺入的文字，如卷前“杂说”和卷二“青稞麦”条等，在用作语料时也应予剔除。

下面举两个例子加以说明：其一，《齐民要术》有两“杂说”，一在卷前，一在卷三（列于第三十篇）。其中卷前“杂说”非贾思勰所作已被学界所公认。柳市镇先生1989年曾著文从语言角度论证这个问题，给我们以有益启发。柳氏文章重点讨论了五个词语，证明此文不可能出于贾思勰之手。这五个词语，除“盖/磨”一条属于农业专用词汇外，另外四条都跟语法史有关，它们是：量词“个”“第×遍”“著”“了”；其二，如果从词汇史的角度用内部比较法来重新审视这篇一千余字的“杂说”，即可以发现它非贾氏所作的更多的证据。这不仅有助于进一步推定此文的写作时代，对语言史的研究也有一定帮助。

第五节 引用典籍的广泛性

《齐民要术》在文体上应算作说明文，说明文对语言的要求是：①准确；②平实；③简洁；④有文采。

如何做到准确说明？除去对说明对象的定性定量准确以外，最有效的方法就是引用。引用作为一种写作方法，它的作用是使说明言之有据，确凿有力。在这方面，《齐民要术》堪称典范。

《齐民要术》引用典籍主要集中在每篇的解题部分和引文部分。

《齐民要术》每一篇的内容结构几乎全由三部分组成，即解题、本文、引文，这三部分合成“三合一”的有机结合的统一体，具有不可分割的的完整性和系统性。

解题部分主要为该篇植物（或动物）的名称给予解释或进行辨误正名。古语说：“名不正，则言不顺。”如果对名称混淆不清，歧义纷出，莫衷一是，还谈什么种植管理和食用？下面以《大小麦第十》为例说明。

《大小麦第十·瞿麦附》：

《广雅》曰：“大麦，麰也；小麦，麳也。”

《广志》曰：“虏水麦，其实大麦形，有缝。（禾宛）麦，似大麦，出凉州。旋麦，三月种，八月熟，出西方。赤小麦，赤而肥，出郑县。语曰：‘湖猪肉，郑稀熟。’山提小麦，至粘弱，以贡御。有半夏小麦，有秃芒小麦，有黑穬麦。”

《陶隐居本草》云：“大麦为五谷长，即今裸麦也，一名麰麦，似穬麦，唯无皮耳。穬麦，此是今马食者。”然则大、穬二麦，种别名异，而世人以为一物，谬矣。

按：“世有落麦者，秃芒是也。又有春种穬麦也。”

以上所引是第十篇的解题部分，我们可以注意的问题有三个：第一，作者首先引用《广雅》释义大麦、小麦；第二，再引用《广志》说明小麦的分类，第三，引用《陶隐居本草》辨明大麦和穬麦的分际，不能混为一物。这三层引用，有概念诠释，有种属分举，有偏谬纠正，这样就很明确的回答了什么是大麦、小麦。

贾思勰非常重视对植物种类的鉴别，独具慧眼，往往纠正前人的以讹传讹而做出正确的判断。帮助他完成这样的正本清源工作的，主要是对典籍、资料的掌握运用。又如《种梅杏第三十六》中他先是引用《尔雅·郭璞注》和《诗义疏》，指出“梅”与“杏”在世人眼里存有误区：“梅，像杏子，果实酸。”“梅是杏一类的：树和叶子都像杏，不过颜色黑些。果实比杏子红，味道酸，也可以生吃。”然后他又跟进自己长期观察之后得到的结论：“梅花开得早，花是白色的；梅的果实小，味道酸，核上有细纹，杏的果实小，味道甜，核上没有花纹。白梅可以调和菜肴，杏子却没有这种用途。可现在有人有分辨不清，说梅和杏是同一种植物，就错的远了。”

《齐民要术》的解题部分基本格式就是引用古代典籍为所说明对象释义正名。而引文部分的引用则与解题部分稍有不同，其一是引用对象为一般历史资料，其二是引用目的侧重对正文部分进行补充说明。

解题部分和引文部分都分别引用了哪些典籍和资料？据不完全统计，《齐民要术》所引用的典籍资料多至150多种，其中频率较高的有：

《尔雅》——相传周公所作，或为孔子门徒解释六艺之作。盖系秦汉间经师缀辑，释训解释语词，后十六篇专门解释名物术语。

《周书》——也叫《逸周书》，是记载周代史事的先秦古书。

《世本》——记录黄帝以来至春秋时（后人增补至汉）列国诸侯大夫的氏姓、世系居（都邑）、作（制作）等，已佚。

《吕氏春秋》——战国末时秦相吕不韦集合门客编写，内容以儒道思想为主，兼及名、法、墨、农及阴阳家言。其中《上农》《任地》《辩土》《审时》四篇是我国最早论述农学的专篇。

《释名》——东汉刘熙撰，训诂书，特点以音同、音近的字解释字义，推究其所以命名的由来，为汉语语源学的重要著作。

《诗经》——我国最早的诗歌总集，先秦称为诗，汉尊为经，始称诗经。共收西周初年至春秋中叶的民歌和朝庙乐章三百十一篇。内小雅有笙诗六篇，有目无诗，实际存数为三百零五篇。

《礼记》——西汉戴圣编定，共四十九篇，采自先秦典籍。

《说文解字》——汉许慎著，成于汉和帝永元十二年，共十四篇，和序目一篇为十五篇。收字9353个，又重文1163个，字义解释，皆本六书，历来为治小学者所宗。

《本草经》——即《神农本草经》，我国最早的中药学专著，大约成书于秦汉时期，而托名神农者。书中收载动植矿物药品365种，其中不少药品的疗效已经用现代科学方法得到证实。

《博物志》——西晋张华撰，记载异域奇物及古代琐闻杂事等。原书已佚，今本由后人搜集而成。

《字林》——晋吕忱撰，该书按《说文》部首，分540部，搜求异字，补《说文》所遗漏者，凡12824字。当时与《说文》并重。

《风土记》——西晋周处撰，该书记载宜兴及周边地区风土人情。

《太平御览》——宋太平兴国二年，太宗命李昉等十四人据北齐人所撰《修文殿御览》、唐人所辑《文思博要》及其他类书编撰。其书征引材料甚富，多古籍轶文，保存了许多原始资料。

《神仙传》——东晋葛洪撰，叙述古代传说中的各个神仙故事。十卷，今存。

《西京杂记》——旧题汉刘歆著，六卷。《隋书·经籍志》注为晋葛洪撰。宋黄伯思则谓书中事皆刘歆所说，葛洪采之，未知所据。书中记载皆西汉逸文旧事，与《汉书》往往稍有差异，亦间杂怪诞之传说异闻。采辑既富，后人诗文多取为典故。

《搜神记》——晋干宝撰，二十卷。记叙鬼神灵异、人物变化之事，迷信色彩甚重，但其中也保存了部分优秀的民间传说。

《广雅》——三国时魏人张揖撰，原三卷。该书体例篇目依《尔雅》，字按意义分别部居，释义多沿用同义相释的方法。因博采汉代经书笺注增广补充，故名广雅。

《抱朴子》——晋葛洪著，洪自号抱朴子，因以名其书。分两篇，内篇二十卷，外篇五十卷，内篇论神仙、炼丹、符箓等事，为道家言；外篇论时政得失、人物臧否。内篇中有关炼丹等内容，对研究我国古代化学、药物学等有一定参考价值。

《邺中记》——晋陆翙著，一卷。记石虎事，后人又搜集邺都之事加以补充。

《物理论》——晋杨泉著，采自秦汉诸子之说而成。自唐以来类书多有引录。

《谯子》——三国时蜀谯周作，已佚亡。

《纂文》——南朝时刘宋时代何承天撰，已佚亡。

《永嘉记》——南朝刘宋时代郑缉之作，已佚亡。

《广州记》——作者顾微，或说裴渊，晋代人。书已佚亡。

《淮南万术毕》——作者疑为西汉淮南王刘安所招致的门客，约成书于公元前2世纪。

《家政法》——作者与成书年代不详，书已佚亡。

《食经》——北魏崔浩撰，《隋志》《新唐书》有辑录。书已佚亡。

《范子计然》——作者范蠡，《范子计然》由计然传、内经、阴谋、富国、杂录等几部分组成。

《广志》——晋郭义恭著，记录各地物产，《齐民要术》引用量较大。

《淮南子》——汉淮南王刘安等撰。《汉书·艺文志》录入杂家，内篇二十一，外篇三十三；内篇论道，外篇杂说，今仅存内篇。内容大旨归于道家的自然天道观，但亦糅合先秦各家学说。

《交州记》——刘欣期撰，已佚亡。

《尚书大传》——郑玄著，原书已佚亡，《隋书·经籍志》有收录。

《吴录》——晋张勃撰，已佚亡。《隋书》《旧唐书》有收录。

《荆州记》——《隋书·经籍志》说："《荆州记》三卷，宋临川王侍郎盛弘之撰。"该本已在唐宋间散失。

《诗义疏》——作者不详，历代学者均对《诗经》有注疏。根据成书年代及有无被贾思勰引用的可能，东汉"建安七子"之一刘祯所著《毛诗义问》可信度较大。

《南越志》——南朝刘宋时代沈怀远撰，已佚亡。

《南方记》——作者一说徐衷，一说徐表，《齐民要术》引《南方记》亦未标明作者。

《吴氏本草》——华佗弟子吴普撰，已佚亡。

《异物志》——汉唐间专门记载有关地区及国家新异物产的典籍，不止一种，故贾思勰所引为谁所著，莫衷一是。

《临海异物志》——三国吴沈莹著，《隋书》《旧唐书》《新唐书》均有收录。原书佚亡。

《南州异物志》——三国吴丹阳太守万震撰，该书多记海南诸国，兼及西方大秦等国方物风俗。

《氾胜之书》——氾胜之，西汉山东曹县人，也叫氾胜。成帝时为议郎，后迁御史。《汉书·艺文志·农家》有氾胜之十八篇，即后世通称的《氾胜之书》，是记载和总结黄河流域，特别是关中平原一代农业生产的科学著作。原书已佚，现仅存于《齐民要术》《太平御览》等著作中，有辑录本。

《师旷占术》——今不存。

《仲长子》——东汉末仲长统的著作，今已失传，仲长，复姓。

《杂阴阳书》——已佚。《汉书·艺文志》著录有《杂阴阳》三十八篇，未知即其书否。作者年代无可考，或是汉代阴阳家所写。

《方言》——西汉末扬雄撰，记述西汉时代各地区方言，为研究古代语言的重要著作。

《玉烛宝典》——隋杜台卿撰，原十二卷，今存七卷。记时令，每月一卷。用《礼记》月令分冠各卷，引经传百家之说，多存六朝典籍。又引用佛经，多有向壁臆造之言。《自序》称："按《尔雅》四气和为玉璧，《周书》武王说周公推道德以为宝典。"故以名书。

《四民月令》——东汉崔寔撰。逐月安排农业生产和生活活动等事项，每月一篇，是我国最早的月令式农书。书已失传。

《政论》——崔寔的政治论著，已佚。其书主张崇本抑末，发展农业生产，严刑峻法，废旧革新，抨击当时黑暗政治，言辞颇为激烈，与王符的《潜夫论》和仲长统的《昌言》同为当时著名政治论著。《齐民要术》中引用崔寔的著作，不注明出自哪篇，而径直用"崔寔曰"。

以上所列举仅仅是出现频率较高的字书、类书，其他如读者常见的经史书籍《论语》《尚书》《孟子》《庄子》《史记》《汉书》，更是被作者随时信手拈来，引为佐证；当然，我们所服膺贾氏的是他为说明物种品类、释疑纠错而引用的卷帙浩繁的前人论述，为证得一说，作者不惜进山掘宝、下海探骊，其严谨治学态度令我们由衷佩服。

第六节　使用谚语的灵活性

贾思勰在《齐民要术·序》的结尾谈到了该书的成书情况："今采捃经传，爰及歌谣，询之老成，验之行事。"这就告诉我们，本书的素材来自四个方面，一个是经传所载，一个是歌谣所及，一个是向老农请教，最重要的是他亲身实践，长期观察，"验之行事"。

前面一节我们检阅了作者对经籍典志的引用，接下来再看一下作者是如何使用"歌谣"的。

歌谣即所谓"谚语"。作为一部农学著作，使用谚语应是理所当然，非此不可的。

谚语来自人民大众的生产和生活，谚语的主体是农谚，无论是说明、论证作者自己的观点主张，还是求得表达的效果，使用谚语应算得最好的方法。

一、先说什么是谚语

谚语在我国源远流长，已经有两千多年的历史。它是一种现成语，简练通俗，富有表现力。谚语的产生土壤就是广大劳动人民的生产和生活，劳动人民以其聪明和智慧，将生产和生活的现象进行总结和升华，归纳出带有规律性的经验和结论，再用劳动人民自己的生动活泼的语言表达出来，用以指导接下来的生产和生活，这就是谚语。

谚语一旦形成，它就和其他的语词形式一样被固定下来，久经沿用，口口相传，约定俗成，不可随意变动。

由此可以知道，谚语基本属性有三个：①民间集体创作；②口口相传，属口语而非书面语；③言简意赅，富有表现力。

二、再说谚语的特征

第一是精炼。有句话说的很形象："泉水最清，谚语最精。"谚语是人民大众长期生产生活实践的智慧结晶，而且它的作用只有一个，就是指导接下来的生产和生活实践，它的作者和受众都是勤劳质朴的劳动大众，这就决定了它的简练精炼。"以片言明百意"，短小精悍、句式整齐。

第二是民族性。谚语来自民间，总结了人类千百年来的社会经验，是各族人民群众用来表达他们在生产和生活中的经验启发和感想的各民族文化的结晶。它受到各民族生存环境、生活习惯、民族语言、宗教信仰等因素的影响，导致了谚语具有极强的民族性。

第三是地域性。汉语谚语是整个中华民族的智慧和经验的结晶，也是整个民族语言词汇材料中的主要组成部分。各民族都有自己的语言，它从产生到发展都与民族的特性息息相关。谚语反映了不同地区、民族的历史事迹，自然风貌，文化传统、心理状态、乡土习俗、宗教信仰等方方面面，由于我国地域广大，民族聚居地不同，就使得各民族文化中的谚语带上了浓厚的地域色彩，形成了表达方式地域化、修辞形式地域化的特性。以汉语中大量存在的农业谚语为例，由于我国历史上长期处于农耕社会，聚居于不同地区的民族群众创造、保留了大量极富地域色彩的农谚。具有普遍性的地域性谚语是由植物学特征所决定的，如作物生长都需要一定的温度、光照、土壤等客观条件，对于不同地区的农业生产又具有指导意义。

第四是修辞性。谚语用简单通俗的语言表达深刻的道理，它朴实敦厚、直言其事，没有华丽的辞藻，不堆砌，极少书面气息，言简义丰，适于传诵。

第五是实用性。谚语首先具有经验指导的作用，它或源于直接感知，或蕴含间接推理，或反映成功，或总结失败，无不是经验或观念的经验性结晶。例如：

①吹什么风，下什么雨。

②祸中有福，福中有祸。

③收获看耕种，耕种看节令。

④一场春雨一场暖，十场春风换上单；一场秋风一场寒，十场秋雨换上棉。

三、《齐民要术》所用谚语举例

1. “智如禹汤，不如尝更。”（《序》）

意思是“即使有大禹和商汤那样的智慧，终不如亲身实践得来的知识高明。”

2. “一年之计，莫如树谷；十年之计，莫如树木。”（《序》）

这句谚语在于强调栽种果树的重要。在谚语之前，贾思勰叙述一则史实说明前贤的做法：三国时李衡，曾任丹阳太守，他派奴仆在武陵龙阳的洞庭湖冲积沙洲上建造住宅，并种了千把株柑橘，后来柑橘长成，家道殷富。临死前告诉后辈：“我州里有千头木奴，不责汝衣食，岁上一匹绢，亦可足用矣。”

3. “锄头之存泽”——此之谓也。（《杂说》）

这句谚语强调锄草松土的重要——“勤于锄地，抵得上三寸降雨。”

4. “湿耕泽锄，不如归去。”（《耕田第一》）

这句谚语强调耕田锄地必须视墒情而定：湿时去耕，雨后划锄，有害无益。

5. “耕而不劳，不如作暴。”（《耕田第一》）

意思是："耕后不耢，如同作耗胡闹。""劳"，即"耢"，无齿耙，是用荆条、藤条编成的整地农具。意在强调保墒。

6. "欲得谷，马耳镞。"（《种谷第三》）

镞，不是一种农具，而是一种锄法，是利用锄角间锄，比用手间快，同时松动表土。这句谚语的意思是说明谷子"苗生如马耳则镞锄。"

7. "回车倒马，掷衣不下，皆十石而收。"（《种谷第三》）

这句谚语疑有文字脱漏，因此不好理解。推测其意，应是说明合理密植的道理的。

8. "以时，及泽，为上策也。"（《种谷第三》）

意思是"掌握宝贵的时机，趁着良好的墒情，这才是唯一的上策。"

9. "家贫无所有，秋墙三五堵。"（《种谷第三》）

秋收冬藏，秋天打的墙结实牢靠，即使家里再贫穷，也要趁着节令修治墙垣，这时打好的墙一劳永逸，也算是穷人家里的财宝。

10. "虽有智慧，不如乘势；虽有鎡其，不如待时。"（《种谷第三》）

这句谚语的意思是强调时令对于农业的重要。

11. "桃李不言，下自成蹊。"（《种谷第三》）

这句谚语，本出自《史记·李将军列传》；司马迁表达的意思是："桃李本不能言，但以华实感物，故人不期而往，其下自成蹊径也。"比喻实至名归。但在贾思勰笔下，他要表达的意思却是另出一层："田中不得有树，用妨五谷。五谷之田，不得树果。谚曰：'桃李不言，下自成蹊。'非只妨耕种，损禾苗，亦以惰夫之所休息，竖子之所游戏。"

12. "椹厘厘，种黍时。"（《黍穄第四》）

这句谚语是总结的可以播种黍子的时机。椹，即桑葚；厘厘，形容桑葚由青转赤，丰美多实，大致在阴历三月间。此谚前边语境为："（种黍）三月上旬种者为上时，四月上旬为中时，五月上旬为下时。夏种黍穄，与稙孤同时；非夏者，大率以椹赤为候。"

13. "穄青喉，黍折头。"（《黍穄第四》）

这句谚语是说明黍穄收获时机的。引此谚之前，作者说："刈穄欲早，刈黍欲晚。穄晚多零落，黍早米不成。"所谓"青喉"，指穄穗基部与茎秆相连的部分（喉）还保持绿色时，就该收割。所谓"折头"，是指黍穗向一侧弯曲下垂的时候，也该收割。下垂的过程是上下部籽粒逐渐成熟的过程，但不等于最下部的籽粒一齐成熟。

14. "前十鸥张，后十羌襄，欲得黍，近我旁。"（《黍穄第四》）

此谚意为：早十天，苗旺旺；迟十天，心慌慌；黍想多收，靠近我旁。靠近我旁，指快近夏至，这时可以种晚黍。此谚前边的语境是："《氾胜之书》曰：'黍者，署也，种者必待署。先夏至二十日，此时有雨，强土可种黍。

15. "立秋叶如荷钱，犹得豆。"（《小豆第七》）

种豆的最佳节令是夏至后十天；初伏终了前是中等节令，中伏终了前是最晚节令。如果适于晚种的年岁，立秋后再种豆，未尝不可，但不能作为定例。

16. "与他作豆田。"（《小豆第七》）

此谚意为：豆子对于地力肥薄要求不高；好田可以亩产十石，贫瘠薄地也能打五石，肥美的田地用来种豆反倒可惜。

17. "夏至后，不没狗。又谚曰：'五月及泽，父子不相借。'"（《种麻第八》）

种麻的最佳节令是夏至前十天，夏至是中等节令，夏至后十天是最晚节令。在夏至以后栽种，茎秆连狗也藏不住。麻喜雨，"只要雨水多，茎秆遮得住骆驼"，五月趁雨将麻种下，必有好收成。节令对于种麻非常关键，所以必须抓紧，不可失去时机。在种麻的关键档口，父子之间尚且不能通融，何况是他人呢？

18. "高田种小麦，稴䅉不成穗。男儿在他乡，那得不憔悴。"（《大小麦第十》）

此谚意为：小麦适宜于种在低地，如果在高原田里种小麦，收成必定不好；就像男儿在他乡，哪有不因思乡而憔悴的？

19. "子欲富，黄金覆。"（《大小麦第十》）

此谚强调秋天锄麦宜以覆根为主。锄麦过后，要拖着棘柴耧过，把土壅在麦根上，就像用黄金覆盖。

20. "种瓜黄台头。"（《种瓜第十四》）

新、旧《唐书》之《承天皇帝倓传》："种瓜黄台下，瓜熟子离离。""黄台头"就是"黄台下"，就是刨坑时把刨出来的土堆在北面，把瓜种在土堆下面坑内的向阳面。这是露地刨穴直播，现在也长在穴北堆个小土堆，起着风障的作用。"头"，指下头，不能误解为头顶。

21. "触露不掐葵，日中不剪韭。"（《种葵第十七》）

掐秋葵的叶子，必须等露水干了的时候才掐；就像日头晌午不剪韭菜一样。

22. "生噉芜菁无人情。"（《蔓菁第十八》）

蔓菁是不能生吃的，所以说："生吃蔓菁没有人情。"

23. "左右通锄，一万余株。"（《种蒜第十九》）

"通锄"，指的是株与株间的距离能够将锄头通得过；此谚语语境为："种法：黄墒时，以耧耩，逐垅手下之。五寸一株。"

24. "葱三薤四。"（《种薤第二十》）

此谚意为：移葱要三根作一窝，种薤者，四支为一科。

25. “韭者懒人菜。”（《种韭第二十二》）

因为韭菜种一次而长久生长，故被称作“懒人菜”；作者同时引用《声类》：“韭者，长久也。一种永生。”

26. “正月可栽大树”（《栽树第三十二》）

此谚强调栽树的节令。完整的原文是：“凡栽树，正月为上时，谚曰：‘正月可栽大树’，言得时则易生也。”

27. “木奴千，无凶年。”（《种梅、杏第三十六》）

“木奴”，比喻果树。只要读一下完整的段落，就晓知作者的意思了：“按杏一种，尚可赈贫穷，救饥馑，而况五果、蓏、菜之饶，岂直助粮而已？谚曰：‘木奴千，无凶年。’盖言果实可以市易五谷也。”

28. “鲁桑百，丰绵帛。”（《种桑、柘第四十五》）

鲁桑是很早以前由山东人民培育而成的桑树品种，到《齐民要术》时已经有黑鲁桑、黄鲁桑的分化。黑鲁、黄鲁都是好桑种，而好中少差的黄鲁之所以不及黑鲁,《齐民要术》指出是黄鲁的树龄比较短，这和实际符合。此谚意为：鲁桑一百，丰绵丰帛——因为这种桑树品种好、省功夫而产量多。

29. “不剝不沐，十年成毂。”（《种榆、白杨第四十六》）

此谚强调榆树不宜修剪，作者的说法是：修剪过的，长得又长又细，还有许多瘢痕；不修剪的，虽然长得矮些，但粗壮没有毛病。农谚说：‘不修不剪，十年成毂。’证实说容易长得粗大。一定要剪枝的话，基部必须留下二寸。“毂”，车轮中间车轴贯入处的圆木。

30. “东家种竹，西家治地。”（《种竹第五十一》）

在贾思勰看来，“竹性爱向西南引”，所以，应在院子的东北角种下，数年之后，满院子都是竹子了。贾氏的观点放到今天就显出不足了，散生竹的竹鞭有自北向南、自东向西延伸的特性，但也有向没有硬物阻遏的肥沃松软土壤延伸的特性，所以，“东家种竹，西家治地”并不是绝对的。

31. 小童曰：“羊去乱群，马去害者”；谚曰：“羸牛劣马寒食下。”（《养牛、马、驴、骡第五十六》）

小童之言，其实是圣人治理天下的箴言：驽马不去，骐骥短气；小童牧羊，知道羊群一乱，秩序荡然，所以必去乱群之羊；害群之马，为患亦烈。至于农谚所说：“羸牛劣马寒食下”意为冬季饲料不够吃，这等羸弱之辈势必不能过冬。

32. “以贫求富，农不如工，工不如商，刺绣文不如倚市门。”此言末业，贫者之资也。（《货值第六十二》）

做买卖容易致富，此谚告诉人们的就是这么简单。“刺绣文不如倚市门”：呆在家里做刺绣，不如靠着店门装笑脸招徕。

33. “葳蕤葵，日干酱。”

葳蕤葵，葳蔫了的葵，指适当萎蔫的葵菜腌制的葵菹。腌菜适当晒干萎后才能爽脆有鲜味，不然，烧熟后又软又糊，比鲜菜还差。这是说萎葵腌制的菜菹和日中晒成的豆酱都是美好的菜。

第三章

《齐民要术》语法特色

第一节　句子成分的省略

古代汉语和现代汉语一样，句子中某些成分在一定的语言环境中可以省略，不过古代汉语句子成分的省略情况比现代汉语更多、更复杂。从省略的情况看，大致有三种。最常见的是对话中的省略，往往把问话人和答话人的主语省略，因为在一问一答的情况下，不影响读者对文章的理解。有时，连“曰”也一起省略。例如：

三子者出，曾皙后。曾皙曰：“夫三子者言何如？”子曰：“亦各言其志也已矣。”（　）曰：“夫子何哂由也？”（　）曰：“为国以礼，其言不让，是故哂之。”（　）（　）“唯求则非邦也与？”（　）（　）“宗庙会同，非诸侯而何？赤也为之小，孰能为之大？”（《子路、曾皙、冉有、公西华侍坐》）

这段曾皙与孔子的对话，在第一次问答时出现了问话人与答话人的主语后，其他就全部省略了。甚至在第三次问答时连“曰”字也省掉了，但并不影响我们对文章的理解。相反，这样的省略使我们觉得行文更加简洁。如果把这些省略的句子成分补出来，文章反而显得啰嗦了。

其次是承前省略。所谓“承前省略”，就是在不影响文章意思表达的情况下，在一定的语言环境里，可以省略上文已经出现过的某些句子成分。例如：

例 1，吾入关，（　）秋毫不敢有所近，（　）籍吏民，（　）封府库，而待将军。（　）所以遣将守关者，备他盗之出入与非常也。（　）日夜望将军至，岂敢反乎？“（《鸿门宴》）

例2，羊子尝行路，( )得铁金一饼，( )还以与妻。(《乐羊子妻》)

例1是刘邦对项伯解释自己入关后所做的一些事情的缘由，除第一句有主语“吾”以外，其他各句为避免重复、繁琐，都承上文省略了。例2后两句也是承前省略主语“羊子”。

最后是蒙后省略。所谓“蒙后省略”就是在一定语言环境中，前面各句的某些成分是后文需要出现的内容，为了避免重复，在前面予以省略。如：

例3，( )野闻汉军四面楚歌，项王乃大惊曰：“汉军已得楚乎？是何楚人之多也？”(《项羽本纪》)

例4，羊子之邻人亡羊，既率其党( )，又请羊子之竖追之。(《列子·说符》)

例3从“项王乃大惊”的情态来看，上句“闻汉军四面皆楚歌”的主语当然是下句的“项王“。例4在“羊子之邻人亡羊”以后，如果只说“既率其党”，句子意义就很难理解，但接着是“又请羊子之竖追之”一句，不仅点明了“追之“这一行动，而且一个“又”字把上下文联系起来，这样，上句省略的一个动宾结构也就不言而喻了。

古代汉语里常见的省略形式有：

①主语省略

②谓语省略

③宾语省略

④介词省略

一、主语省略

文言文中主语的省略现象相当普遍；在《齐民要术》中，这种现象出现频率更高，有人做过统计，在《齐民要术》第二卷中，总共376句，省略主语的句子就有187句之多。《齐民要术》的特殊内容决定了它的形式的特点，因为它主要围绕“怎么办”进行说明，故此多用动词或动词词组，以描述动作、变化情况为主线，没有特定的、具体的动作实施者，那么，主语省略就是必然的现象了。下面举几个例子

例1，锄三遍乃止。锋而不耩。(83页)

例2，刈不速，逢风则叶落尽。(91页)

例3，十日，块既散液，持木斫平之。(116页)

例4，取雨水浸之，生茅疾；用井水则生迟。(99页)

这四个例子都省略了主语“我们”或“你们”。书中，这样的例子大量存在。我们再引一段完整的原文领略一下：

"《神仙传》曰：'董奉居庐山，不交人。(　)为人治病，(　)不收钱。重病得愈者，(　)使种杏五株；轻病愈，为栽一株。数年之中，杏有十数万株，郁郁然成林。其杏子熟，(　)于林中所在作仓。(　)宣语买杏者：'不须来报，但自取之，具一器谷，使得一器杏。'有人少谷往，而取杏多，即有五虎逐之。此人怖惧，檐倾覆，所余在器中，如向所持谷多少。虎乃还去。自是以后，买杏者皆于林中自平量，恐有多出。奉悉以前所得谷，赈济贫乏。"（《种梅杏第三十六》）

括号中空白处就是应有主语"董奉"，承前省略，书中这样的例子比比皆是。

主语的省略跟其他几种省略情况一样，或承前省，或蒙后省，或隔句交叉省，或对话省；这些都需要读者对所读全文整体把握，确定其省略的内容。

古代汉语跟现代汉语一样，一个句子的核心就是动词谓语；无论非省略句还是省略句，无不包含有动词谓语。

在这里我们需要对两种情形特别说明，一个是主语省略的隔句交叉省，另一个是在对话省略的句子里还可以省略对话内容注的主语。

隔句交叉省：

例 1，子路从而后，遇丈人……子曰"(　)隐者也。"(　)使子路反见之。(　)至，则(　)行矣。(《论语》)

例 2，楚人为食，吴人及之。(　)奔，(　)食而从之。(《左传》)

例 3，永州之野产异蛇，(　)黑质而白章；(　) 触草木，(　)皆死；(　)以啮人，(　)无御之者。(《捕蛇者说》)

例 1 句中所省略的的内容依次是"丈人""孔子""子路""隐者（丈人）"，各自充当句子的主语。被省略的"丈人"这个主语，上文已经出现，但已隔了好几句。被省略的"孔子"这个主语是承上句而来的。被省略的"子路"这个主语却是上句兼语式里的"兼语"。被省略的"隐者"也是承上句来的。由此可见主语省略的复杂情况。例 2 是春秋末叶吴楚柏举之战中的几句话。前两句的意思很清楚，句意是"楚国人做饭吃，吴国人追赶上他们"；可是，下两句又是谁"奔"，谁"食而从之"呢？其实读一下上下文就可以知道：从"无人及之"这句话，可以看出这次战争楚国是吃了亏，打了败仗的，因此，当"吴人及之"的时候，"奔"的当然是楚人。楚人为了逃命，连自己煮的饭也顾不上吃，那么"食而从之"的当然是"吴人"。这种主语的省略出现了个空交叉的复杂现象，如果不仔细辨别，往往会产生误解。例 3 中所省略的依次是"异蛇""异蛇""草木""异蛇""人"，所省略的各个主语都是承上文宾语而省略的。有的是紧接省略，有的则是隔了几句。

在对话中省略主语的现象不仅可以省略问话人和答话人，还可以省略对话中的内容中的主语。例如：

例 1，樊哙曰："今日之事何如？"良曰："（ ）甚急！"（《鸿门宴》）

例 2，陈相见孟子，道许行之言……孟子曰："许子必种粟后而食乎？"（ ）曰："然"。（ ）（ ）许子必织布然后衣乎？"曰："否，许子衣褐"。（ ）（ ）许子冠乎？（ ）曰："（ ）冠"。（ ）（ ）奚冠？"（ ）冠素。"（ ）曰："自织之与？"（ ）曰："否。"（ ）以粟易之。（《孟子》）

例 1 省略的是问话中的主语"今日之事"，承上句省略。例 2 除省略对话认及"曰"字外，还对多次承上文已经出现的主语"许子"作了省略，如"（许子）冠"，"（许子）奚冠""（许子）冠素""（许子）自织与""（许子）以素易之"等。

二、谓语省略

动词谓语是句子的重要组成部分，在古今汉语里一般都是不能省略。但在古代汉语里，当前后几个动词谓语（包括带宾语的动宾结构）相同时，也可以省略其中的一个或几个以避免重复。这种省略有时也是承前省略或蒙后省略。如：

例 1，一鼓作气，再（ ）而衰，三（ ）而竭。（《曹刿论战》）

例 2，今肃可迎操耳，如将军不可（ ）也。（《赤壁之战》）

例 3，于是相如前进缶，因跪请秦王（ ）。秦王不肯击缶。（《廉颇蔺相如列传》）

例 1 中承上省略了两个用作动词的"鼓"字。例 2 是承上省略了动宾词组"迎操"。例 3 是蒙后省略了下句出现的动宾结构"击缶"。

《齐民要术》中这样的省略也是随处可见。例如：

例 1，"凡开卷读书，卷头首纸，不宜急卷，急（ ）则破折。"（第 194 页）

例 2，"以时耕，一（ ）而当四（ ）；和气去耕，四（ ）不当一（ ）。"（第 37 页）

例 3，"率多人者，（ ）田日三十亩，少者十三亩。以故田多垦辟。"（第 79 页）

例 4，"粱秫并欲（ ）薄地而稀。"（第 88 页）

例 5，"美田（ ）欲稀，薄田（ ）欲稠。"（第 94 页）

例 6，"椹黑时，注雨种，亩（ ）五升。"（第 96 页）

例 1 中承前省略动词谓语"卷"，例 2 承上句省略"耕"，例 3 蒙后省略动词谓语"垦辟"，例 4 省略"播种"，例 5 省略动词谓语"下种"。例 6 省略动词谓语"产"。

例 4、5、6 所省略的谓语动词在上文并没有出现，但上文有类似的谓语，读者根据上文的动作行为可以推断出下文所省略的内容，不会影响对意义的理解。

三、宾语省略

宾语的省略是古汉语里最常见的现象。被省略的宾语往往是代词，尤以代词“之”最为常见。宾语的省略可分为两种，一种是动词宾语的省略，一种是介词宾语的省略。

动词宾语的省略，一般是承上文已经出现过而省略。例如：

例 1，人皆有兄弟，吾独无（ ）。（《论语》）

例 2，左右以君贱之也，食（ ）以草具。（《史记》）

例 3，权起更衣，肃追（ ）于宇下。（《赤壁之战》）

例 4，操军方连船舰，首尾相接，可烧（ ）而走（ ）也。（《赤壁之战》）

例 1 省略的宾语是上句已出现的宾语“兄弟”。例 2 省略的宾语是上句的宾语：“之”，指代“冯谖”，后带补语“以草具”。例 3 省略的是上句出现的主语“孙权”，后带补语“于宇下”表处所。例 4 省略的两个宾语是承上而来，均可以“之”代替，但所指内容不同，前一个所省略的是上句的宾语“船舰”，后一个所省略的是上句的主语“操军”；同时，“走之”是动词的使动用法，即“使之走”“让曹操的军队逃跑”的意思。

也有蒙下省略动词宾语的，例如：

例 1，于是王召见（ ），问相如曰……（《廉颇蔺相如列传》）

例 2，廉颇送（ ）至境，与王诀曰……（《廉颇蔺相如列传》）

例 1 动词“见”后省略的是下句的宾语“蔺相如”。例 2 动词“送”后省略的是下句的介词宾语“王”。

有时句中省略的宾语既是下句的宾语，又是后一个动词的主语，即一般所谓兼语式中的“兼语”，这种兼语一般由代词“之”充当，兼语前的动词一般是“使”“令”等动词。例如：

例 1，扶苏以数谏故，上使（ ）外将兵。（《陈涉世家》）

例 2，广故数言欲亡，忿恚尉，令（ ）辱之，以激怒其众。（《陈涉世家》）

例 3，以相如功大，拜（ ）为上卿。（《廉颇蔺相如列传》）

例 1 所省略的兼语是“之”，代指上句的主语“扶苏”。例 2 所省略的是兼语“之”，代指上句的宾语“尉”。例 3 所省略的也是兼语“之”，不过他前面的动词不是“使”“令”一类动词，而是另一种性质的动词。

《齐民要术》句式短小，用语简练，宾语省略也是其语言特点之一。例如：

例 1，先治（ ）而别埋（ ）。（第 42 页）

例 2，凡春种（ ）欲深，宜曳重挞（ ）。（第 53 页）

例 3，稀豁之处，锄(　)而补之。(第 53 页)

例 4，获(　)不可不速。(第 70 页)

例 5，极干，乃纳(　)(　)屋内悬。(第 596 页)

例 1 两处皆省略动词宾语“之”，代指“种子”。例 2 两处省略，上句省略“种”的宾语“谷子”，下句省略“挞”的宾语“谷种”。例 3 省略“锄”的宾语“稀豁之处”。例 4 省略“获”的宾语“谷子”。例 5 两处省略，前省宾语“之”，代指“胶”，后省介词“于”。

在宾语省略的情形中，介词宾语的省略似乎更常见。一般来讲，用介词“以”“为”“与”“令”“使”等组成的介词结构，它的宾语往往可以省略。被省略的宾语一般可用代词“之”来指代。所指代的人或者事物上文已经出现过。例：

例 1，其和曲之时，面向杀地和之，令使(　)绝强。(第 414 页)

此处省略”所和之曲”。

例 2，“三七日收，曝令(　)干。”(第 432 页)

此处承前省略所晒之“曲”。

例 3，以碎豆作“末都”，至六七月之交，分以(　)藏瓜。(471 页)

此处承前省略“末都”。

例 4，密封，勿令(　)漏气，便成矣。(473 页)

此处承前省略所“密封”之坩瓮。

四、介词省略

在古代汉语里，作补语的介词结构中的介词“于”“以”往往可以省略。尤以省略介词“于”最为常见。例如：

例 1，孟尝君就国于薛，未至百里，民扶老携幼，迎君(　)道中。(《冯谖客孟尝君》)

例 2，后数日驿至，果地震(　)陇西。(《张衡传》)

以上两例省略的都是“于”，“于道中”、“于陇西”是处所补语。

有时，介词“于”引进比较的对象，这种介词“于”也可以省略。例如：

是儿少(　)秦舞阳二岁，而讨杀二豪，岂可近耶？(柳宗元《童区寄传》)

句中“少秦舞阳二岁”即比秦舞阳年轻两岁。

充当补语的介词结构中的介词“以”，省略的现象要比“于”少些。例如：

例 1，夫今樊将军，秦王购之(　)千金，邑万家。(《荆轲刺秦王》)

例 2，又试之(　)鸡，果如成言。(蒲松龄《促织》)

以上两例所省略的介词“以”，相当于现代汉语的“用”。

充当状语的介词结构中的“以”，也偶尔有省略的。例如：

古有大椿者，以八千岁为春，八千岁为秋。(庄子《逍遥游》)

很明显，后一句是承前省略了介词“以”。

在《齐民要术》中，介词的省略，反倒是“以”以的省略更多一些。例如：

例1，取小麦三石，(　)一石熬之，(　)一石蒸之，(　)一石生。(432页)

例2，(　)冷水净淘。(432页)

例3，准量(　)曲势强弱。(499页)

例4，略准(　)春酒。(439页)

例5，凡栽树，(　)正月为上时，(　)二月为中时，(　)三月为下时。(219页)

例6，自余杂木，鼠耳，虻翅，各(　)其时。(219页)

以上所省略的都是介词“以”，只不过其中又有属于后置介词结构中的介词省略。

第二节　词类活用

阅读《齐民要术》，跟阅读其他古籍一样，都会碰上词类活用的现象，例如：“圣王在上，而民不冻不饥者，非能耕而食之，织而衣之。”（第4页）此句引自晁错《论贵粟疏》，其中“食”（此处读sì）、“衣”，均为名词用作动词，释为“（给）……吃”“（给）……穿。”如果不了解古代汉语里的词类活用现象，就会产生误解，把意思弄错。

古代汉语和现代汉语一样，每一类词都有区别于其他词类的语法功能，如名词在句子中经常用作主语、定语、宾语，动词经常用作谓语，形容词经常用作定语、谓语等。但是，在古代汉语中，词的使用有较大的灵活性：原属于甲类的词，在特定的语言环境中，有时可以临时用作乙类词，或词性未变，但临时具有一种新的语法功能。这就叫作词类活用。

词类活用，多为名词、动词、形容词等的活用。数词、代词有时也可以活用，量词因不能单独充当句子的主要成分，一般不能活用。所以，词类活用一般又称为“实词活用”。

一、词类活用常见类型及词义的变化

当原属甲类的词临时用作乙类，或语法作用有了一定变化时，词义也随之产生一些变化。例如：

例1，于是太子犯法。卫鞅曰：“法之不行，自上犯之，将法太子。太子，

君嗣也，不可被刑，刑其傅公子虔。”（《史记·商君列传》）

例2，逆夷狐凭鼠伏，匿两炮台中，不敢出。（《三元里抗英》）

例1中“太子犯法”的“法”指法律、命令，是名词，用作宾语；“法之不行”中的“法”也是名词，作主语。这是“法”的常见用法。而“将法太子”的“法”则具有动词的特点，后边带宾语“太子”，这是名词临时活用作动词。例2“狐”“鼠”是名词，名词一般不能作状语，这里用作状语，语法关系有了一定变化。

在这种情形下，例1中的“法”活用作动词以后，就有依法惩处的意思。例2中的“狐”“鼠”有“像狐狸一样”“像老鼠一样”的意思。一般说来，活用以后的词与原属的词类在意义上仍有联系，但又增添了一些新的意义。

活用是临时的借用，它和词的兼类不同。词的兼类是指一个词既具有甲类词的语法功能，同时又具有乙类词的语法功能。因此从分类上说，它既属于甲类，又属于乙类。例如：

例1，韩信曰：“汉王遇我甚厚，载我以其车，衣我以其衣，食我以其食。”（《史记·淮阴侯列传》）

例2，古之学者必有师……生乎吾前，其闻道也，固先乎吾，吾从而师之。吾师道也，夫庸知其年之先后生于吾乎？（《师说》）

例3，以河内守亚夫为将军，军细柳，以备胡。（《史记·周勃世家》）

例4，命一上将将荆州之军以向宛、洛。（《隆中对》）

例5，吾不能以春风风人，吾不能以春雨雨人，吾必穷矣。（刘向《说苑》）

例6，如曰今日当一切不事事，守前所为而已，则非某之所敢知。（《答司马谏议书》）

以上各例中“衣”“食”“师”“军”“将”“雨”“事”，在古汉语中经常既用作名词，又用作动词。这种现象，就不应该看作是词的活用，而应看作词的兼类。而例5中的“风”在古汉语中则经常用作名词，“风人”的“风”是临时借用作动词，是词的活用。

但活用和兼类又是有联系的。当一种活用经常化，约定俗成后，就变成兼类。而兼类词，当其中某一类用法在历史发展中逐渐消失时，这种兼类词便成了单类词。如“衣”“雨”这些词在上古是兼类词，现代一般作名词，不再用作动词，成了单类词。

词类活用有其语言自身的原因，上古时期语言中的词相对来说还比较少，尤其是动词、形容词没有中古以后那么发达，加之上古时期词语的配搭和语法结构还有较大的灵活性，所以上古时期词类活用最盛，中古以后逐渐趋于稳定。

从表达的效果看，词类活用一般都有较明显的修辞作用，如《鸿门宴》“沛公数目项王”，“目”活用作动词，不仅具有“用眼看”“示意”等动作性，而且还保留了“目”作为名词的形象性。又如《三元里抗英》“逆夷狐凭鼠伏，匿两炮台中，不敢出”，“狐”“鼠”名词作状语，意即“敌人像狐狸一样趴着，像老鼠一样缩着”，既简练又生动的写出了敌人的狼狈和胆怯。

词类活用有以下几种情况：

①名词用作动词

②名词用作状语

③动词形容词的使动用法

④名词的使动用法

⑤形容词、动词的意动用法

⑥名词的意动用法

二、名词用作动词

名词用作动词是古代汉语中一种比较常见的现象，古今汉语相比，由于古代动词较少，因此，当需要表示某事物的动作时，便常常直接用表示那个事物的名词去表示，这几乎成了古人用词的一个习惯。《齐民要术》中，这样的例子大量存在。例如：

例 1，《仲长子》曰：“天为之时，而我不农，谷亦不可得而取之。青春至焉，时雨降焉，始之耕田，终之簠簋，惰者釜之，勤者钟之。”（第 3 页）

句中“簠簋”，名词，盛粮食的器具，此处讲作“收获”；“釜”，意即“收获一釜”，“钟”即收获一钟，都是名词用作动词。

例 2，“且苟无羽毛，不织不衣。”（第 4 页）

句中“衣”作“穿衣”解，也是名词用作动词。

另外，像其他的类似句子还有很多，如：

例 3，一年之计，莫如树谷；十年之计，莫如树木。（第 11 页）

例 4，天非独为汤雨菽粟也。（第 13 页）

例 5，至十二月、正月之间，即载粪粪地。（第 19 页）

为了更充分的理解名词活用作动词的语言现象，我们从其他文章中再选取一些例子深入说明。

例 1，大楚兴，陈胜王。（《陈涉世家》）

例 2，晡时，门坏，元济于城上请罪，进城梯而下之。（《李愬雪夜入蔡州》）

例 3，用讫，再火，令药熔。（《活版》）

名词用作动词以后，相应地，词的意义也更加丰富了，例 1 中用“王”表示

"称王"，例2的"梯"表示架起"梯子"，例3"火"表示"用火烤"。

不仅普通名词可以活用作动词，方位名词也可以活用作动词。例如：

例1，楚以故不能过荥阳而西。（《史记·项羽本纪》）

例2，日初出大如车盖，及日中则如盘盂。（《两小儿辩日》）

例3，旋见一白酋督印度卒约百人，英将也，驰而前。（《冯婉贞》）

例1中的"西"活用作动词，意思是"引兵向西"；例2"中"活用作动词，意思是"运行到中天"；例3"前"活用作动词，意思是"向前跑来"。

如何辨别词类的活用？词不离句。辨别词类的活用，必须从整个句子的语法结构上考虑。首先要看这个词处在什么位置，同时还要看这个词和其他词的组合情况。在通常情况下，名词在句子中充当主语、宾语、定语，它可以受数量词、代词和形容词的修饰，但不能带宾语、补语。而动词则能带宾语、补语，不能受能愿动词和副词的修饰。如果句中某一名词处于句中谓语动词的位置上，便有了动词的语法特点，那么，这个名词就活用作了动词。具体说来，可以从以下几个方面来加以辨别：

名词前有能愿动词或副词，特别是否定副词，一般活用作动词。例如：

例1，假舟楫者，非能水也，而绝江河。（《劝学》）

例2，沛公欲王关中，使子婴为相。（《史记·项羽本纪》）

例3，贫生于不足，不足生于不农。（晁错《论贵粟疏》）

例4，二月草已芽。（《采药》）

例1中"水"前面的"能"，例2中"王"前面的"欲"，都是能愿动词，说明"水""王"已活用作动词，"水"当"游水"讲，"王"作"称王"讲。例3中"农"的前面有否定副词"不"，例4中"芽"的前面有副词"已"，说明"农""芽"已活用作动词，"农"当"从事农业生产"讲，"芽"指"发芽"。

《齐民要术》中的例子有：

例1，且苟无羽毛，不织不衣。（第4页）

例2，令稼不蝗虫。（第70页）

例3，用小麦不虫者。（第435页）

例1中的"衣"，例2中的"蝗虫"，例3中的"虫"前面都有否定副词"不"，这就说明"衣""蝗虫""虫"已经活用作动词，分别当"穿衣""生蝗虫""生虫"讲。

名词后面带有宾语，特别是代词宾语，一般活用作动词。例如：

例1，左右欲刃相如。（《廉颇蔺相如列传》）

例2，徐庶见先主，先主器之。（《隆中对》）

例3，驴不胜怒，蹄之。（《黔之驴》）

例1中的“刃”后面带了宾语“相如”，活用作动词，意思是“用兵刃砍杀”。例2中“器”和例3中“蹄”后面都带了宾语“之”，活用作动词，“器”即“器重”，“蹄”即“用蹄子踢”。

《齐民要术》中的例子有：

例1，树高一尺，以蚕矢粪之。

例2，圣王在上，而民不冻不饥者，非能耕而食之，织而衣之。（第4页）

例1中的“粪”，例2中的“食”、“衣”都是名词，但它们的后面都有代词“之”，且又都处于谓语位置上，所以都是名词活用作动词，例1的“粪”讲成“施粪”，例2中的“食”“衣”分别讲成“（给）…饭吃”“给…衣穿”。

名词后面带了补语，一般活用作动词。例如：

例1，师还，馆于虞。（《左传·僖公五年》）

例2，人有百口，口有百舌，不能名其一处也。（《口技》）

例1中的“馆”后面的介词结构“于虞”是补语，“馆”活用作动词，作“寓居”讲。例2中“名”的后面有宾语“其”，又带补语“一处”，“名”活用作动词，作“说出”讲。

两个名词连用，如果不是并列关系，也不是偏正关系，且句中有无谓语动词，则其中一个名词常用作动词，例如：

例1，请勾践女女于王，大夫女女于大夫，士女女于士。（《国语·越语上》）

例2，天下乖戾，无君君之心。（柳宗元《封建论》）

例3，子房前。（《史记·留侯世家》）

例1中三次连用“女”，应读成“勾践女，女于王；大夫女，女于大夫；士女，女于士”。前一个“女”分别有定语“勾践”“大夫”“士”，应是名词。“女于王”“女于大夫”“女于士”的“女”处于谓语动词的位置上，后面分别有补语“于王”“于大夫”“于士”，可见，已活用作动词，当“作……女婢”讲。全句的意思是：“请求允许把勾践的女儿作吴王的女婢，把越国大夫的女儿作吴国大夫的女婢，把越国士人的女儿作吴国士人的女婢。”例2中“君君”不是并列关系，也不是偏正关系。前一个“君”受副词“无”修饰，后面带宾语“君”，说明前一个“君”已活用作动词，当“把……当君”讲，也就是不尊重君主。例3全句只有“子房”（即张良）和“前”两个名词，“子房”是主语，“前”处于主语位置，应作动词用。全句的意思是：“子房，上前来。”

《齐民要术》中有两个典型例子：

例1，至十二月、正月之间，即载粪粪地。（第19页）

例 2，雏既出，别做笼笼之。（第 394 页）

例 1 应读为“至十二月、正月间，即载粪，粪地。”例 2 应读为“雏既出，别做笼，笼之。”例 1 中第二个“粪”，例 2 中第二个“笼”都活用作动词。

“而”通常用来连接动词或动词性词组，如果“而”的前面是名词，这个名词便活用作动词。例如：

例 1，孟尝君怪其疾也，衣冠而见之。（《冯谖客孟尝君》）

例 2，（儒者）不耕而食，不蚕而衣。（《盐铁论》）

例 1 中“而”连接谓语成分“见”和“衣冠”，“见”是动词，“衣冠”本为名词，这里活用作动词，讲成“穿衣带帽”；例 2 中“而”连接谓语成分“蚕”和“衣”，“衣”原是兼类词，作“穿衣”讲，“蚕”原是名词，这里活用作动词，作“养蚕”讲。

“所”字结构“所”字后面的名词，及部分“者”字结构“者”前面的名词，往往也活用作动词。《齐民要术》中这样的例子几乎不见，故此不再展开说明。

三、名词用作状语

名词用作状语，有三种情形：

普通名词用作状语

方位名词用作状语

时间名词用作状语

先说普通名词用作状语，普通名词用作状语，其作用大致有以下几种类型：

A. 表示比喻

B. 表示处所、工具、方式

C. 表示对人和事物的态度

D. 表示行为的依据

在《齐民要术》中，这方面的例子也有不少。例如：

阴干之，则成矣。（316 页）

例句中的“阴”，辞书释为“日影”，意即不见阳光的地方。所谓“阴干”，应指“在树荫或不见阳光的地方晾干”。“阴”，表示动词“干”的处所和方式在其他典籍中，普通名词用作状语的情形实际上是很普遍的，我们不妨逐一举例说明一下：

A. 表示比喻的

例 1，天下云集而响应，赢粮而景从。（《过秦论》）

例 2，匈奴之性兽聚而鸟散。（《史记·平津主父列传》）

例3，至天都侧，从流石蛇行而上。(《游黄山记》)

这类名词状语一般可理解为“像……一样（那样）”；例1中的“云集”即“像云一样聚合”，“响应”即“像回声一样应和”，“景从”即“像影子一样跟从”。例2中“兽聚”即“像野兽一样聚合”，“鸟散”即“像飞鸟一样离散”。例3“蛇行”即“像蛇一样蜿蜒而上”。

B. 表示处所、工具的

例1，夫以秦王之威，而相如廷叱之，辱其群臣。(《廉颇蔺相如列传》)

例2，箕畚运于渤海之尾。(《愚公移山》)

这类名词状语可以翻译成“在……”“用……”“按……”“拿……”。例：

例1，“廷叱”指“在朝廷”上呵斥，表处所。

例2，“箕畚”指“用箕畚”把（石头）运送到渤海边上，表所使用的工具。

C. 表示对人和事物的态度的

例1，君为我呼入，吾得兄事之。(《鸿门宴》)

例2，周有天下，裂土田而瓜分之。(柳宗元《封建论》)

这类名词状语，可以翻译成“像对待……那样的”“把……当作……一样”。例：

例1，“兄事之”指“像对待兄长一样对待他”。

例2，“瓜分之”指“把土地当作瓜一样分割开来”。

D. 表示行为的根据的

例：失期，法皆斩。(《陈涉世家》)

这类名词状语，可以翻译成“按照……”“按……”此例句中“法皆斩”，意思是（如果不按期抵达），按照大秦法律，都应该被杀死。

再说说方位名词作状语，这类例子在《齐民要术》出现不多，仅举两例：

例1，是月也，天气下降，地气上腾。(第32页)

例2，亦不必要须东向开户草屋也。(422页)

例1句意思为：“在这个月份儿，天气开始向下沉降，地气开始朝上蒸发。”例2句意思为：“也不一定要向东面开门的草屋。”

方位名词作状语，一般表示动作行为发生的处所或动作行为的趋向，可以翻译作“在……”“从……”“向……”我们再从其他典籍中举几个例子。

例1，扶苏以数谏故，上使外将兵。(《陈涉世家》)

例2，伐竹取道，下见小潭，水尤清冽。(《小石潭记》)

例3，南取汉中，西举巴蜀，东割膏腴之地，北收要害之郡。(《过秦论》)

例1“外将兵”即“在外带兵”，例2“下见小潭”即“向下看见一处水潭”，例3“南”“西”“东”“北”即“向南”“向西”“向东”“向北”。

再说说时间名词用作状语：

一般时间名词，如“朝”“暮”“晨”“夜”等作状语，都比较容易理解，唯有“日”“岁”“时”等时间名词作状语，所标示的意义不同一般。现说明如下：

先看看《齐民要术》中的例子：

例1，不如年别新做，岁管用尽。(378页)

例2，腹下欲平满，善走，名曰“下渠”，日三百里。(337页)

例1句意思为：“不如每年作新的，当年就用完它。”例2句意思为：“（马的）腹部下面要平满，（这样的马）善于长时间行走，名为‘下渠’，每天能走三百里。”

时间名词作状语，一般有以下几种情形：

例1，“日”“月”“岁”用于动词前，有“每日”“每月”“每年”的意思，义表示动作行为的频繁或经常。

例2，“日”“月”“岁”等用于表示发展变化的动词或形容词之前，表示“一天天地”“一月月地”“一年年地”的意思。

例3，“日”用于句首主语之前，表示追朔过去，相当于“往日”“从前”。

例4，“时”作状语，有“及时”“按时”和“当时”等意思。

古代汉语中名词作状语的形式，至今仍保留在现代汉语中的某些双音词和成语中，成为某些凝练的结构。如“狼吞虎咽”“土崩瓦解”“蚕食鲸吞”“虎踞龙盘”“烟消云散”“风起云涌”“日新月异”“漆黑”“冰凉”“雪亮”“金黄”“龟缩”“蜂拥”等。

四、动词、形容词的使动用法

动词中，有一类是不及物动词，这类动词在句子结构中一般不带宾语。我们已经说过，古代汉语里动词的数量偏少，所以，在必要的情形中，这类动词不得已而被用作带宾语的及物动词，这时候，它就具备了使动用法的特点。例如：

例1，予我千金，我生汝。(《狱中杂记》)

例2，庄公寤生，惊姜氏。(《左传·隐公元年》)

例3，远人不服，而不能来也。(《论语·季氏》)

例1中“吾生汝”即“使汝生（活命）”。例2中“惊姜氏”即“使姜氏惊”。例3中“不能来也”即“不能使（远方的人）归顺”。

这类一般动词作使动词的情形比较少见，倒是有几例形容词作使动词的例子。形容词作使动用法，其原理跟动词的使动用法一样，形容词一般不带宾语，带上宾语以后，并且在意念上使宾语具有形容词的性质、状态，这就具备了使动用法的特点。

《齐民要术》中的例子有：

例1，要在安民，富而教之。（第1页）

例2，耳聪目明，轻身耐劳。（第403页）

例3，岁且更始，专而农民，毋有所使。（第32页）

例1的“安”“富”都是形容词的使动用法，意即“使老百姓生活安定”“使老百姓生活富裕”。例2的“轻”意即“使身轻”，例3的“专而农民”意即“使你们农民专心于农业生产，一心一意考虑怎样种好庄稼”。

五、形容词的意动用法

形容词的意动用法是指形容词用作动词带上宾语以后，表示主语“认为宾语怎么样”或“把它看作是什么”的意思。它反映主观上的认识，并不一定与事实相符。

例1，孔子登东山而小鲁，登泰山而小天下。（《孟子·尽心下》）

“小”本是形容词，这里活用作动词，并带宾语“鲁”和“天下”，这不是一般的动宾关系，而是一种意动用法，“小鲁”是“认为鲁国小”，“小天下”是“认为天下小”的意思。它反映了孔子的主管上的感觉，并不是说鲁国或天下真的变小了。

例2，宋有富人，天雨墙坏。其子曰：“不筑，必将有盗。”其邻人之父亦云。暮而果大亡其财。其家甚智其子，而疑邻人之父。（《韩非子·说难》）

“智其子”意即“以其子为智”，也就是“认为他的儿子是聪敏的”。

《齐民要术》也有这样的例子：

例1，是故明君贵五谷而贱金玉。（第5页）

例2，各自耻不能致丹。（第8页）

例1的“贵”“贱”都是意动用法，意即“以五谷为贵”“以金玉为贱”。例2的“耻”也是形容词的意动用法，“耻不能致丹”意思是“以不能让王丹来慰问自己而感到耻辱”。

第三节　语序排列

古代汉语和现代汉语一样，其基本的句子成分的排列次序一般是固定的。如主语一般在谓语之前，宾语在动词之后，定语、状语置于被修饰的中心词之前，补语总是置于被补充的词语之后。但是，古代汉语却有例外，在《齐民要术》

中常见的前置或后置现象较多的是宾语前置、介词结构后置、定语后置等。

一、宾语前置

我们先举《齐民要术》中的两个例子：

例1，故自天子以下，至于庶人，四肢不勤，思虑不用，而事治求赡者，未之闻也。(第3页)

例2，服牛乘马，量其力能，寒温饮饲，适其天性：如不肥充繁息者，未之有也。(第331页)

这两个例子很典型。例1的“之”属于“闻”的宾语，例2的“之”属于“有”的宾语，都是因为处在特殊的语境当中，所以语序发生了变化，从谓语的身后跑到了谓语的前面，这就是所谓的“宾语前置”。这个特殊语境则是指必须处在否定句中。

古代汉语里宾语前置的条件有三个：

A. 在疑问句中，疑问代词作宾语，这个宾语必须置于动词之前。

B. 在疑问句中，疑问代词作介词的宾语，这个宾语也必须置于介词之前。

C. 在否定句中，有否定副词“不”“未”“毋（无）”以及否定性的无指代词“莫”等，而宾语又是代词，这个代词宾语往往置于动词之前。

刚刚举的《齐民要术》中的两个例子恰符合C的条件：否定句里否定副词是“未”，代词“之”作宾语。

我们再举一个符合B条件的例子：何为带刀配犊。（第7页）“何为”即“为何”，疑问代词“何”作介词“为”的宾语，故而前置。

为了更充分的理解宾语前置这种语言现象，我们再找一些其他典籍里的例子，仍按前文宾语前置三个条件分类：

A. ①沛公安在（《鸿门宴》）？

②大王来何操（《鸿门宴》）？

③吾谁欺？欺天乎（《论语・子罕》）？

B. ①何以战（《曹刿论战》）？

②何为久居此围城之中而不去也？（《鲁仲连义不帝秦》）

③猝然边境有急，数千百万之众，国胡以馈之（贾谊《论积贮疏》）？

④微斯人，吾谁与归（范仲淹《岳阳楼记》）？

C. ①居则曰：“不吾知也。”（《论语》）

②三岁贯汝，莫我肯顾（《诗经・硕鼠》）？

③我无尔诈，尔无我虞（《左传・宣公十五年》）。

④自书典所记，未之有也（《张衡传》）。

二、介词结构后置

在古代汉语中，介词“以”、“于”与其后面的词或词组所构成的介词结构一般都处在动词谓语之后，我们称之为“介词结构”后置。

我们从《齐民要术》中选两个用介词“以”的例句认识一下：

例 1，藏以瓦器、竹器（第 64 页）。

例 2，准量（ _ ）曲势强弱（499 页）。

例 1 句的谓语是“藏”，“以瓦器、竹器”是“藏”的状语成分，但在这里依照古汉语的习惯后置于动词谓语之后。例 2 句省略了介词“以”，其完整的句子应是“准量以曲势强弱”，在这里不仅省略了介词“以”，而且还依照古汉语习惯后置于动词谓语之后。

再举两个用介词“于”的例句：

例 1，衣食之道，必始于耕织（35 页）。

例 2，未敢闻之于有识（15 页）。

这两个例句中的“耕织”“有识”实际上都是名词化词组，它们和介词“于”共同构成介词结构后置于动词谓语“始”“闻”的后面。

由于条件限制，笔者无法从《齐民要术》中罗列更多的例句，这里仅仅算作一鳞半爪，蠡测管窥。

第四节　动词的使用

我们已经说过，《齐民要术》从体裁上划分属于说明文的类型。说明文要求其语言准确、简练、平实并且不失文采。《齐民要术》是说明农业、林业、畜牧业种植、管理以及农副产品加工、制作过程的，为了表述清楚，所以必须大量使用动词，这是《齐民要术》的题中必有之义。我们看到，作者经常在连续一段话中，连贯性的、演进性的运用多个动词。这些表示动作和演进次序的动词准确、流畅的说明了某一农业生产过程或农副产品的加工过程。例如：

例 1，蒸干芜菁根法：做汤洗净芜菁根，漉着一斛瓮子中，以苇荻塞瓮里以蔽口，合着釜上，系甑带；以干牛粪燃火，竟夜蒸之。粗细均熟，谨谨着牙，直类鹿尾。蒸而卖之，则收米十石也。

这段文字是专门介绍蒸干芜菁根的方法的，它按照此工艺的流程先后有条不紊地进行说明，不足百字，就能让读者清楚制作概要，要言不烦，言简意赅。这完全归功于作者对于动词的选用，作者连续使用动词：做、洗、漉、着、塞、蔽、合、系、燃、蒸、着、类、卖、收。

郑板桥曾写过一著名的对联："删繁就简三秋树，领异标新二月花。"用"删繁就简"来形容《齐民要术》的语言特点或许更形象一点。我们看到，在文中，作者为了把某一方面的事情讲清楚，几乎挤干了任何一点水分，该省略的一律省略，只留主干，枝叶全删。例：

例 2，种瞿麦法：以伏为时，亩收十石。一名'地面'。良地一亩，用子五升，薄田三四升。亩收十石。浑蒸，曝干，舂去皮，米全不碎。炊做飧，甚滑。细磨，下绢簁，作饼，亦滑美。然为性多秽，数年不绝；耘锄之功，更益劬劳。

这段标题是种瞿麦法，实则用较大篇幅介绍瞿麦磨面炊饼的方法。在介绍这个方法时，作者仅用 27 个字就完整的把一个复杂的制作过程呈现在我们面前："浑蒸，曝干，舂去皮，米全不碎。炊做飧，甚滑。细磨，下绢簁，作饼，亦滑美。"这 27 个字中，单是动词就有：蒸、曝、干、舂、去、碎、炊、做、磨、作共 10 个之多。

动词连用在《齐民要术》中非常多见，这样做，可以对所说明的对象加以强调，凸显其表达效果。例如：

例 3，秋种者，五月子熟，拔去，急耕，十余日又一转，令好调熟，调熟如麻地，即于六月中旱时，耧耩作垄，蹉子令破，手散，还劳令平，一同春法。(178 页)

这段文字中，拔、耕、转、调四个动词连用，耩、蹉、散、收四个动词连用。这就把秋种这一生产过程说得完整、清楚。而且动词连用，显得条理明晰，不致生出误解。

在一段话中，同一个动词连用，不仅不会显得啰嗦，而且还能在反复中凸显修辞功能，既朗朗上口，又能生动准确的把说明对象介绍清楚。例如：

例 4，高数寸剪之。初种，岁止一剪。至正月，扫去畦中陈叶，冻解，以铁杷耧起，下水，加粪熟。韭高三寸便剪之。剪如葱法。一岁之中，不过五剪。每剪，杷露，下水，加粪，悉如初。收子者，一剪即留之（172 页）。

这段文字中，动词"剪"共使用了 7 次，读来非但不觉冗繁，反倒似珠玉落盘，雨打擎荷，读来口舌生香。

同样的例子在《齐民要术》中还有很多，一段话中使用多个动词，集中显现事物的真实面目，再举两个：

例 5，作白李法：用夏李，色黄便摘取，于盐中挼之。盐入汁出，然后合盐晒令萎，手捻之令褊。复晒，更捻，极褊乃止。曝使干。饮酒时，以汤洗之，漉着蜜中，可下酒矣（238 页）。

例 6，斫去白杨枝，大如指，长三尺者，屈着垄中，以土压土，令两头出土，向上直竖。二尺一株。明年正月中，剶去恶枝（294 页）。

第五节 量词的使用

量词是表示人或事物的单位或者动作行为的单位的词，前者是物量词，又叫名量词，如："于是为长安君约车百乘，质于齐"（《战国策·赵策》）；后者是动量词，如："于是秦王不怿，为一击缶。"（《史记·廉颇蔺相如列传》）语言学家发现，古代汉语里量词很不发达，相比于现代汉语的量词而言，简直有天壤之别；物量词的分类大致有几种：一是度量衡单位量词；二是个体单位量词；三是集体单位量词；四是时间单位量词；五是反映当时军队编制和地方行政组织的量词。专家做过统计，在《齐民要术》中使用的量词一共有 52 个，其中名量词 47 个，包括个体量词 24 个，集体量词 23 个，动量词 5 个。使用量词的总数和使用的频率都是其他同时期的文献没法比拟的。这个现象的背后有两个原因，一个是中古以后汉语量词逐渐增多，另外一个原因则是最关键的，即本文的的题材和内容决定了作者必须根据说明需要使用量词。现分类列举如下：

名量词：口、头、只、枚、个、根、本、株、支、条、段、分、间、种、辈、篇、卷、颗、粒、乘、张、饼、具、家、车、椀、瓮、釜、甑、盏、杓、匙、匕、虎口、筐、把、扼、掬、束、载、贯、撮、聚。

动量词：遍、过、度、匝、杵。

一、数量词的组合能力

《齐民要术》中的数量词与指示代词、形容词组合的情况基本没有出现，与表估量的副词组合只限于"余"和"许"。

1. 余

以杖一向搅——毋左右回转——三百余匝。（320 页）

2. 许

"许"出现在数词和量词之间。

①七月中做坑，令受百许束（322 页）。

②揉花，十许遍，势尽乃止（316 页）。

"许"用于数量词之后。

①如是十遍许（560 页）。

②笼子中盛麴五六饼许（432 页）。

在《齐民要术》中，"许"使用的频率要远高于"余"，到了现代汉语"许"的这种用法已经基本消失了，现代汉语中取代"许"的是"左右""光景"。虽然"余"在现代汉语书面语中还有使用，但是大部分时候还是用"多"。

二、数量词的句法功能

量词充当句子成分受到很大约束，然而它与数词组成数量结构就非常活跃了。下文分别讨论名量词、动量词和数词结合时在《齐民要术》中的句法功能。

1. 数词+名量词的句法功能

作主语：

①五十头作一“洪”，著敞屋阴凉处棚线上（326 页）。

②裁截碎木，中作锥、刀靶，一个直三文（276 页）。

作谓语

①兔一头，断、大如枣（508 页）。

②纳瓜子四枚，大豆三个，于堆旁向阳中（130 页）。

作宾语

①凡种树千枚，只有一根生（267 页）。

②春风多，旱，非畦不得。且畦者地省而菜多，一畦供一口（152 页）。

作定语

①若不做棚，假有千年胶，掷于十口羊，亦不得饱（369 页）。

②一重土，一重骨、石，平坎止（263 页）。

作补语

①七月做坑，令受百许束（322 页）。

②余昔有羊二百口（369 页）。

“数词+名量词”作定语是他的本职用法。但是在《齐民要术》中，作定语仅仅占 18%，然而作补语却占到了 30%。“数词+名量词”作主语占 16%，作谓语占 22%，作宾语占 14%。

在《齐民要术》中，“遍”同数词组合可以作补语和状语；“过”同数词组合主要充当状语；“度”同数词组合可以作补语和状语；“匝”同数词组合作补语，“杵”作补语。

2. “数词+动量词”作状语

遍

①瓜生，比至初花，必须三四遍熟锄，毋令有草生（132 页）。

②一饼得数遍煮用（492 页）。

过

①解大肠，淘汰，复以白酒一过洗肠中（508 页）。

②日三过以炊帚刷治之（415 页）。

度

①必须三度舒而展之（195 页）。

②一日三度以水沃之（176 页）。

《齐民要术》中四个专业动量词“遍”“过”“度”“匝”，其中“过”“度”“匝”发展到现代汉语已经不常见了，所以它的语法功能没有比较的意义。“遍”发展到现代汉语，书面语和口语中继续使用，在表达意义方面没有其他量词可以取代它，句法功能没有变化，仍是作状语和补语。

第六节　短小简练的句子

中国古代诗歌的演变历史，一个重要的标志就是句子由短变长。我们现在能读到的最早的古人诗歌是二言；见诸记载的的最早的先民诗歌大概是这样：“断竹，续竹，抟土，逐肉。”再以后发展为三言、四言。先秦诗歌多以四言为主，《诗经》就是代表。两汉诗歌的主流是五言，再到唐诗宋词的演变进程，无不是诗歌本身突破字数限制追求酣畅表达的效果的过程，五言、七言乃至杂言，一直到现代诗歌的散文化。贾思勰所处的 6 世纪，已经进入古白话时期，作家行文的句子长度明显增加，但《齐民要术》却是仍行古道，表现出句式短小、简练朴实的特点。作者也在其《序》中标榜：“不尚浮辞”，一切的修饰和描写，一概摒弃。在前文我们已经就这一语言现象做过揣测，以为其具有这样的特点，首先是受制于作品的内容和体裁，其次是作品面对的特殊的读者群体。但是放在历史背景中去考察，觉得这样的论断又显肤浅。同时期的著作如《水经注》《颜氏家训》，从题材和体裁上跟《齐民要术》高度类似，但其在“句式短小、简练朴实”的文风特点上，还是有相当差距。所以，我们有理由高度推崇贾氏的文风。

例 1，种瞿麦法：以伏为时。一名“地面”。良地一亩，用子五升，薄田三四升。亩收十石。浑蒸，曝干，舂去皮，米全不碎。炊作飧，甚滑。细磨，下绢蓰，作饼，亦滑美。然为性多秽，数年不绝，更益劬劳。

该段文字正文 64 个子，句子却有 19 个之多，大约 3. 5 个字一句；其中，二字句 5 个，三字句 4 个，四字句 8 个，单句最长的才 5 个字，只有 1 个。

再举一段：

例 2，三年，间斫去，堪为浑心扶老杖。一根三文。十年，中四破为杖，一根直二十文。任为马鞭、胡床。马鞭一张直十文，胡床一具直百文。十五年，任为弓材，一张三百，亦堪作覆，一两六十。裁截碎木，中作锥、刀靶。一个直十文。二十年，好做犊车材，一乘直万钱。

这段文字 87 个字，分成 12 句，平均每句话 7 个字。其中，四字句 3 个，五字句 2 个，六字句 1 个。

短句形体小，结构简单，一看便懂，明快活泼、简洁有力，读起来有节奏感，适合于说明文的写作。

书中大量使用了二字句、三字句，真可谓惜墨如金。下面再举一些四字句、五字句、六字句的例子，以便更好的领略其文风特征。

四字句：

①常薅令净（278 页）。

②三遍细耕（322 页）。

③炒食甚美（306 页）。

④甜脆殊常（505 页）。

⑤不摘则干（314 页）。

⑥种各别磨（414 页）。

⑦苏油亦好（571 页）。

⑧浇则淹死（309 页）。

⑨明日便熟（439 页）。

五字句：

①不裹则冻死（253 页）。

②栽如桃李法（258 页）。

③多收红软者（228 页）。

④一沸即漉出（228 页）。

⑤养鸡令速肥（390 页）。

⑥桑欲落时作（418 页）。

⑦岁收绢百匹（298 页）。

⑧一根直十文（308 页）。

⑨软体鱼不用（528 页）。

六字句：

①二月初乃解放（263 页）。

②水浇常令润泽（263 页）。

③栽种与桃李同（265 页）。

④一具直绢一匹（276 页）。

⑤屋内四角着火（285 页）。

⑥不烧则长迟也（289 页）。

⑦黄白软土为良（309 页）。

⑧淘米可二十遍（415 页）。

⑨多与菹汁令酢（532 页）。

⑩淘米必须极净（436 页）。

第七节 借代手法的运用

要认识借代手法，还是先认识一下这些具体的例句：

例 1，始之耕田，终之簠簋（第 3 页）。

例 2，夫寒之于衣，不待轻暖；饥之于食，不待甘脂（第 4 页）。

例 3，龚遂为渤海，劝民务农桑，令口种一树榆（第 7 页）。

例 4，处暑中，向秋节，浣故制新，作袷薄，以备始凉。"（205 页）

例 5，昔余为禾，耕而卤莽，则其实亦卤莽而报予（59 页）。

例 6，春伐枯槁（61 页）。

例 7，故圣人不贵尺璧而重寸阴，时难得而易失也（61 页）。

例 8，轻重相分，斑白不提携（76 页）。

例 9，乃顺阳布德，振赡穷乏（201 页）。

例 10，夏至先后各十五日，薄滋味，毋多食肥醲（202 页）。

例 1 中的"簠簋"，本意是指盛谷物的器具，在这里用作"收获"。例 2 中的"轻暖"，本来是形容词，指"衣服又轻又暖和'，这里用作名词，讲作"又轻又暖和的贵重的衣服"。例 3 中的"口"本意是指"人或动物的嘴"，这里讲作"每人""一人"。例 4 中的"故""新"本来是形容词，指"衣服旧""衣服新"，这里用作名词，是指"旧的衣服"和"新的衣服"。例 5 中的"禾"本来意思泛指"禾苗"，这里讲作"庄家"。例 6 中的"枯槁"本来是形容词，指"干萎""干竭"，这里用作名词，讲成"干萎的草木"。例 7 的"尺璧"本来意思是指"一尺长的碧玉"，这里泛指贵重的东西。例 8 中的"斑白"本来是形容词，形容老年人头发花白。这里用作名词，专指"老年人"。例 9 中的"穷乏"本来是形容词，指生活困窘，这里用作名词，指代生活困窘的人。例 10 中的"滋味"本来指"美味"，这里指"味道鲜美的食物"；"肥醲"也是用来指代"又肥又醲"的食物。

再说说什么是借代手法

通过对以上的例句的分析，我们知道所谓的借代，就是不直接把表达的事物名称说出来，而是改换一个与该事物有某种密切关系的名称。恰当的运用借代手法，既可以突出事物的本质特征，增强语言的形象性，又可以避免用词的重复，使文章语言富于变化、又有幽默感。

借代手法可以分成这么几类：

1. 以事物的属性代替该事物

如白居易的《大林寺桃花》："人间四月芳菲尽，山寺桃花始盛开。"其中的"芳菲"指的是花的香味，这里用来指桃花。上文列举的例 2 中的"轻暖""甘脂"就属这一类。

2. 以部分代指全体

也就是以事物的主要部分指代该事物。范仲淹的《岳阳楼记》中"沙鸥翔集，锦鳞游泳"中的"鳞"是鱼的特征，这里用来指代鱼；唐代诗人刘禹锡的《酬乐天扬州处逢席上见赠》中的诗句："沉舟侧畔千帆过，病树前头万木春。"其中的"帆"是船的一部分，这里代指整个船。上文列举的例 3 的"口种一树榆"中的"口"，是人或动物的"嘴"，是其身体的一部分，这里指代整个人，即"一人""每人"的意思。

3. 以人或物的生理特征或标志代指人或物

陶渊明的《桃花源记》："黄发垂髫，并怡然自得。"古人认为，老人头发由白转黄是一种长寿的象征；"黄发"，这里指老人。"垂髫"，本事儿童的一种发型，这里指儿童。又如诸葛亮的《出师表》"臣本布衣，躬耕于南阳。""布衣"，古代平民穿的衣服，这里代指平民。上文列举的例"轻重相分，斑白不提携"，"斑白"意思是老年人头发花白，这里指"老年人"。

4. 以专用名称代指通用名

白居易《琵琶行》："曲罢曾教善才服，妆成每被秋娘妒。"其中的"善才"是人名，善弹琵琶，后来就用他的名字泛指琵琶名师；"秋娘"是唐代一位歌舞名妓，后来泛指歌舞女子。

5. 以具体代抽象

"故人具鸡黍，把酒话桑麻"。（孟浩然《过故人庄》）其中，"鸡黍"指鸡肉和米饭，这里指代丰盛的饭菜；"桑麻"，即桑树和麻，这里指代农事及农家生活。如司马迁《史记·苏秦列传》中说："今乃释本而事口舌，困，不亦乎?"其中的"口舌"，是说话的器官用来指代抽象的概念"游说"；唐刘禹锡《陋室铭》中的"无丝竹之乱耳，无案牍之劳形。"其中"丝竹"是制作乐器的材料，这里指代"音乐。"上文列举例 1"始之耕田，终之簠簋。"其中的"簠簋"是盛装粮食的器具，这里用来指代"收获。"

借代的类型还有：

以地名称代事物；

以官名地名代人；

以实数代虚数；

以原料代成品；

以作者代作品。

借代手法在古代诗文中很常见，它的好处是能使诗文表达形象具体，引发联想和想象。《齐民要术》是说明体裁，间或使用一些文学描写的手段，显得更有文采，非但不妨碍意思的表达，而且更容易被读者接受。“言之无文，行而不远。”文质彬彬，相得益彰。

第四章

《齐民要术》篇章结构

《齐民要术》的内容几乎囊括了古代农家生产经营活动的所有事项，规模之大，前所未有。作者在自序中说：“起自农耕，终于醯醢，资生之业，靡不毕书。”意即，从农作物的耕作栽培开始，一直到制醋作酱，凡是人们生产、生活上所需要的项目，全部予以记录，像百科全书一般展现在我们面前。虽然内容如此庞大，但是它却表现为整体结构主次分明、体系完整，分篇布局层次井然、有条不紊，独出心裁，开创体例。

第一节　篇目的巧妙安排

关于《齐民要术》篇目的巧妙安排，第一章第二节认知结构体系中已经作简要说明，并出示了“《齐民要术》篇目安排事理逻辑性示意表”作为提示，这里不再重复。此处只列出十卷目次及内容，说明这样安排的合理性。

《齐民要术》篇目

卷前：序，杂说

卷一：耕田第一，收种第二，种谷第三。

卷二：黍穄第四，粱秫第五，大豆第六，小豆第七，种麻第八，种麻子第九，大小麦第十，水稻第十一，旱稻第十二，胡麻第十三，种瓜第十四，种瓠第十五，种芋第十六。

卷三：种葵第十七，蔓菁第十八，种蒜第十九，种薤第二十，种葱第二十一，种韭第二十二，种蜀芥、芸薹、芥子第二十三，种胡荽第二十四，种兰香第二十五，荏蓼第二十六，种姜第二十七，种蘘荷、芹、苣第二十八，种苜蓿第二十九，杂说第三十。

卷四：园篱第三十一，栽树第三十二，种枣第三十三，种桃柰第三十四，种李第三十五，种梅杏第三十六，插梨第三十七，种栗第三十八，柰、林檎第三十九，种柿第四十，安石榴第四十一，种木瓜第四十二，种椒第四十三，种茱萸第四十四。

（首先说“吃”。谷物历来是劳动人民的主食，理应放在前面论述。主食之后自然非副食蔬菜，再者是水果，水果是粮食蔬菜的必要补充，列在蔬菜之后论述恰当正确。）

卷五：种桑、柘第四十五（附养蚕），种榆、白杨第四十六，种棠第四十七，种榖楮第四十八，种漆第四十九，种槐、柳、楸、梓、梧、柞第五十，种竹第五十一，种红蓝花、栀子第五十二，种蓝第五十三，种紫草第五十四，伐木第五十五。

卷六：养牛、马、驴、骡第五十六，养羊第五十七，养猪第五十八，养鸡第五十九，养鹅鸭第六十。

（其次说“穿”和“住”。栽桑养蚕和栽种建造房屋用的树木，当时肉类虽重要，但不是人人必需，何况大家畜是生产力，故把“牧”“渔”列在卷上。）

卷七：货值第六十二，涂瓮第六十三，造神曲并酒第六十四，白醪曲第六十五，笨曲并酒第六十六，法酒第六十七。

卷八：黄衣、黄蒸及糵第六十八，常满盐、花盐第六十九，作酱等法第七十，作酢法第七十一，作豉法第七十二，八和齑第七十三，作鱼酢第七十四，脯腊第七十五，羹臛法第七十六，蒸缹法第七十七，月正、脂、煎、消第七十八，菹绿第七十九。

卷九：炙法第八十，作月宰、奥、糟、苞第八十一，饼法第八十二，粽、糉法第八十三，煮米冥第八十四，醴酪第八十五，飧饭第八十六，素食第八十七，作菹藏生菜法第八十八，餳餔第八十九，煮胶第九十，笔墨第九十一。

（最后说到“副业”问题。没有农林牧渔的生产收获，就没有酿造和加工的物质基础。因此把副业放在后面记述，以解决“花钱”急需，是顺理成章的。）

卷十：五谷、果蓏、菜茹非中国产者。

（附录性的参考列在最后）

第二节　内容上的主次分明、依次推进

《齐民要术》十卷，《自序》是总领，是全书的总纲。它包括本书的缘起、

目的、意图、思想体系、写作范围和写作方法等，提纲挈领，开宗明义，是读懂全书的钥匙。

为什么要写作此书？这与贾思勰的精神面貌和当时的历史背景有直接关联。在一个由北方游牧民族统治的时代，贾思勰写作此书目的有二，一是总结农业科学技术经验以增加生产，实现“国富民安”，二是维护封建统治者的利益。其思想体系，受儒家思想熏陶的“农本”思想是总根源，抓住了这个要害，《齐民要术》中处处体现的革新前进、尊重自然规律、发挥主观能动性、勤劳节俭等一系列思想就昭然若揭了。

一、十卷的先后次序为什么这样安排

《齐民要术》十卷中，前六卷是农、林、牧、渔，这是大农业的主要方面，是主要的；后三卷是副业，属次要的；最后一卷是关于南方植物的，是附录性的参考。这样的先后主次的安排，反映作者对农业的一种传统看法，也符合大农业体系中先后主次的内在关系。没有农林牧渔的生产收获，就没有酿造和加工的物质基础。

二、前六卷的安排也是层次井然，绝非随意为之。

谷物作为五谷之首最早被我们的先民种植食用，历来是劳动人民的主食，故此，《齐民要术》在耕田收种的总论之后最先记述（卷一、卷二）；按照事理逻辑，主食之后自然非副食蔬菜莫属，因此，卷三接着记述蔬菜；水果是粮食蔬菜的必要补充，所以将果树列在蔬菜之后。前四卷讲的都是“吃”的问题，第五卷跟着说“穿”和“住”，所以栽桑养蚕和栽种建造房屋用的树木就顺理成章；肉类很重要，但在古代先贤的教训中，只有家中老人才能“衣帛食肉”，并不是人人必须，况且在贾思勰的时代，大家畜是生产力，不是专用来育肥宰食的，所以，“牧”“渔”被列在卷六。这样的安排，是作者遵循和演绎事理逻辑的结果，具有完整的系统性，并且层次井然，难以移易。

三、各篇的主次先后关系

粮食作物为什么把“粟”列为第一，“五果”类又为什么把“枣”列在第一，蔬菜类的“葵”今天已不常见，贾思勰为何将其放在“百菜之首”？这都是有讲究的。深层的逻辑的东西决定了各篇的先后主次顺序，所以我们说，贾思勰的布局谋篇深思熟虑，章法俨然。

粟，在我国古代很早就是北方的主粮，到《齐民要术》时仍然占着“首种”的地位，所以列为粮食作物的第一篇，而且记述也特别详细。大豆是古代“五谷”之一，也是粮食，有的地方甚至成为主粮。麻（大麻）也是五谷之一，大麻子也作为粮食吃。《齐民要术》卷二对五谷的安排，粟、黍之后就是豆、麻，豆、麻之后才是大小麦和稻谷，反映在当时豆麻的地位是超过麦、稻。

在古代，“葵”是很重要的大众化蔬菜，直到元代也是“百菜之首”，所以《齐民要术》最先记述，而且谈得很详细。同样的道理，“枣”在古代五果中的位置也是居于首位，其次才是李、栗、杏、桃。《齐民要术》卷四的果树栽培包括这五果，枣居首位。枣在我国栽培历史很悠久，其特点是能丰产、耐贮存、能入药、木质坚硬、纹理细密、经济价值高，这些都是其他果树如桃、李、梅不能比拟的。

卷五树木，栽桑养蚕自古是与农耕并重的的家庭副业，孟子描述其治国的理想境界是：“五亩之宅，树之以桑，五十者可以衣帛矣；百亩之田，无夺其时，八口之家可以无饥矣”；可见种桑在我国古代农耕社会所占的地位是何等重要。卷六动物饲养，牛马历来是最重要的畜力，所以第二卷讲过这些之后，再讲其他杂用树木及猪羊鸡鸭与养鱼，次序安排也是井井有条的。

第三节　篇章组成浑然一体

《齐民要术》的前六卷，每一篇几乎都是有3部分组成：(1) 解题，(2) 本文，(3) 引文。这构成了篇章组成的三要素，各有侧重，互为补充，不可或缺，浑然一体。这样的结构方式，是贾思勰的匠心独创，也是《齐民要术》说明体裁文章的必然选择。

一、解题

解题部分在每篇的最前面，内容先引用前人文献，后加作者按语，包括该篇作物或动物（说明对象）名称的解释和辨误正名，历史记载，往昔和当今的丰富品种及地方名产，引种来源，兼及生物形态和性状，让读者在接触正文之前对说明对象先有常识性的了解。

阅读《齐民要术》引文，我们一般读者在建立起对说明对象的初步印象的同时，更加由衷钦佩贾思勰为写作本书所付出的心血，他对作物或动物品种的研究、稽考、观察，真像屈原所说：“上穷碧落下黄泉”，表现出的科学态度和治学精神值得我们认真学习和实践。

这一点主要表现在对说明对象的辨误正名上。孔子说：“名不正，则言不顺。”

如果对事物名称混淆不清，则如古人所说：“皮之不存，毛将焉附。”贾思勰对动植物种类的鉴别，严谨科学，一丝不苟，“采捃经传，爰及歌谣，询之老成，验之行事”。纠正前人的以讹传讹，考证出属于自己的正确判断。

二、本文

本文部分是作者调查访问和观察实践的结论，是本书的精华，也是其价值所在。

三、引文

本文之后是引文，引文部分主要是引录前人资料作为补充说明。

解题、本文加引文，构成每片结构三合一的统一体，解题重在正名，纠误改错，再接着就是进行有针对性的说明和论述，最后，再援引历史资料给予补充和完善，这样的体例具有严整的不可分割的完整性和系统性。

第五章

《齐民要术·序》骈文特征

第一节　为什么说《序言》是骈文体

许多研究《齐民要术》的专家一致认为，该书语言内部的差异性比较明显，主要表现在三个方面：一是贾思勰自己叙述语言和引用文献之间语言的差异；二是《齐民要术》本文和注文语言的差异；三是一些后人掺入的部分和本文语言的差异。这固然不错；但是，《序言》的骈赋语言风格和主体部分语言的差异性却被历来的研究者忽略，不能不算是一个很大的缺憾。

缪启愉先生在其所著《齐民要术导读》中着重强调，贾氏写作该书，阅读对象是文化程度不高的劳动群众，不是给有学问人看的，因此本书文辞朴实明爽，摒弃冷词僻典，没有一句转弯抹角，或者意义含混不明。这样的看法，应该是来自《序言》最后一段："鄙意晓示家童，未敢闻之有识，故丁宁周至，言提其耳，每事指斥，不尚浮辞。览者无或嗤焉。"如果以《齐民要术》本文论之，名副其实，切中肯綮；倘若一概论之，不计"引文"和《序言》的特殊性，则有失公允，不能服众。

倒是后来《四库全书简明目录》对《齐民要术》的语言特征评价得更接近于它的本来面目。它说该书"于农圃、衣食之法纤细必备，又文章古雅，援据博奥，农家诸书，无出其右者。""文章古雅，援据博奥"，这才是《齐民要术》的语言风格和基本特征。

我们不妨先读一读《序言》第一段。

"盖神农为耒耜，以利天下；尧命四子，敬授民时；舜命后稷，食为政首；

禹制土田，万国作乂；殷周之盛，《诗》《书》所述，要在安民，富而教之。"

这一段是序文的总纲，"富而教之"也是全书的宗旨。它从传说中的神农一一列举，强调统治者的第一件大事就是经营和发展农业生产，只有生产发展了，人民衣食丰足了，然后才能"富而教之"。

放下骈文其他形式的东西暂且不说，单就作者的用典而论，其"古雅博奥"的特点就表现得淋漓尽致，属于典型的骈文手法。骈文重视用典，换句话说，不用典即不能成为骈文。用典是否妥帖、精巧、繁富，乃是古人衡量骈文水准的重要标志。如果一定相信贾思勰自己所说："鄙意晓示家童，未敢闻之有识"，那我们只好说，这篇序文恰恰是只能端给"有识"者的。

"神农为耒耜"是传说，"尧命四子，敬授民时"，则是明载于《尚书》，我们把有关章节做一个引用，掂量一下未经"扫盲"的"家童"能否读得懂。

"乃命羲和，钦若昊天，历象日月星辰，敬授人时。分命羲仲，宅嵎夷，曰旸谷，寅宾出日，平秩东作。日出，星鸟，以殷仲春。厥民析，鸟兽孳尾。申命羲叔，宅南交，平秩南讹，敬致。日永，星火，以正仲夏。厥民因，鸟兽希革。分命和仲，宅西，曰昧谷。寅饯纳日，平秩西成。宵中，星虚，以殷仲秋。厥民夷，鸟兽毛毨。申命和叔，宅朔方，曰幽都。平在朔易，日短，星昴，以正仲冬。厥民隩，鸟兽氄毛。帝曰："咨，汝羲暨和，期三百有六旬有六日，以闰月定四时，成岁。允厘百工，庶绩咸熙。"

这一章节是叙说尧制定历法节令的情况的，笔者私下以为，如果没有深厚的相关知识与古文字基础，读懂这段文字很难。至于"序文"涉及到的《皋陶谟》《禹贡》一类典籍，也绝非"家童"所能晓知。不熟悉典故，缺乏必要的历史文化基础，就破解不了这些语言障碍。

这段文字，有六个分句组成，前五句分别列举，最后一句，总结结句；除首句因发语和不得已的因素外，全是由四字句组成；其中的任何两个分句，都是比较工整的对句，带有浓郁的南北朝时期骈文的特征。在骈文中，对句又叫丽辞，它整齐、和谐，是骈文形式美的最基本最突出的特点。这段文字的对句，属于单句正对，而且整个《齐民要术》中的对句，大都属于这一类。

文论家说："知人论世。"一个人的立身行事必定受制于其所处时代背景；同理可知，一个文人、作家，他的文体风格也必然深烙其时代痕迹，这是毫无疑问的。骈文萌芽于秦汉，全盛于南北朝，贾思勰身在其中，不受其浸染熏陶，不可思议。如若以骈文角度审视《齐民要术·序言》，就会发现其与骈文体多所合辙，以骈为主，骈散结合。

第二节 骈文的文体特征

简而言之，以对偶句（骈句）为主的文章叫作骈文，以非对偶句（散句）为主的文章叫作散文。学者认为，骈文起源一为六经，二为诸子，三为离骚，四为汉赋，论据是这些典籍中已经大量运用对偶句，例如：

例 1，《尚书·皋陶谟》："罪疑惟轻，功疑惟重。"

例 2，《诗经·小雅·乔木》："出自幽谷，迁于乔木。"

例 3，《易·文言》："同声相应，同气相求；水流湿，火就燥；云从龙，风从虎。"

例 4，《左传·成公九年》："不背本，仁也；不忘旧，信也；无私，中也；尊君，敏也。"

例 5，《礼记·檀弓》引歌谣："蚕则绩而蟹有匡；范则冠而蝉有緌。"

刘勰的《文心雕龙》以为从司马相如、扬雄以后就有了骈体文；清代李兆洛在《骈体文钞》中把贾谊的《过秦论》、司马迁的《报任安书》、扬雄的《解嘲》都收录进去，的确，司马相如、扬雄等人的文章是用了许多平行的句子，东汉班固、蔡邕等人的文章更讲求句法的整齐，可以认为是开了骈体文的先河。但是上述诸家作品里的平行句法，只是为了修辞的需要，还没有形成固定的格式，不能算作一种文体。明代王志坚在《〈四六法海〉序》中说，骈体文是从魏晋才开始形成，这是有道理的。南北朝是骈体文的全盛时代，这时候，骈体文成为文章的正宗。当时，举凡铭刻、颂扬、书论、碑志、诏书、哀诔、杂文等各种文学体式，无不用骈体呈现。我们说，《齐民要术》的写作有着骈体文的风格，这是无可置疑的结论。

骈体文的特征有 4 个：

①对仗；②用典；③平仄；④藻饰。

从严格的定义来说，骈体文必须具备这四个特征，但是在实际应用中，首先考察的是对仗和用典。应该说，骈体文是骚体和汉赋演化的结果，骚体重对仗，汉赋擅铺陈。这些功能和表现上的特点，很容易导向排比和对偶句法的运用。从楚辞到汉赋，到赋的骈偶化，再到用赋的方法做文章，最后形成骈文，其两大支柱就是对偶、用典。

刘勰在《文心雕龙》中谈到对仗时说："凡有四对，言对为易，事对为难；反对为优，正对为劣。"言对指仅仅词性句式相对，事对指所举事实即内容相对，反对指事例一正一反，从对立角度共证一义，正对指两例事例事理相同，后世又称"合掌"，属于重复举例；前面所举《齐民要术·序》第一段中平行的五个分句，即属正对，句式相同的五个分句又构成排比，达到铺陈的效果，似乎又是汉赋的模样，与我们所持的“骈文观”南辕北辙，看似互相矛盾，实则不然；清朝以后以至于近代，文论家的共识是，骈文可以包括汉赋在内的有骈偶特点的其他文体，而汉赋等其他文体则不能包含骈文。我们可以说，像《齐民要术·序》这类文章，应该算是广义的骈文。骈文专家认为，从六经、楚辞向汉赋骈偶化演变的进程中，排句是最明显的指标意义，严格定义上的骈偶句，是其逐步取代排句的结果，所以我们也就把《齐民要术·序》归入骈文的范畴。唐宋以后，则把骈文中的对仗细分至几十种。

骈文的对仗和汉赋的对仗不同，和律诗中的对仗也不相同；汉赋以对仗迭用，形成排比，骈文的对仗则是四六偶对，还讲究平仄。

骈文的标签是“典雅”，支撑起“典雅”的基础就是“用典”。笔者对《齐民要术·序》进行简单分析后，发现其用典涉及 45 处，几乎通篇用典。缪启愉先生在《齐民要术导读》中强调该书“文辞表达朴实明爽，摒弃冷词僻典”，其说法不够周延。

用典的目的是援引古事或古人的话来证明自己的观点是古已有之；但是，骈文的用典的目的更主要的还是在于使文章委婉、含蓄、典雅、精炼。早期的骈文用典以历史故事即“事典”为主，后期则用经典成句即“语典”渐多。从明用到暗用，从正用到反用，从借用到化用，脱胎换骨，点石成金。用典若不能把经史子集各种文献烂熟于心，那么使用典故就会出现贻笑大方之事；如果作家对典故一知半解，只顾剽窃古人，而不善于把典故经过个体加工以后运用到自己文章之中，那么其文章也就造成词不达意、因文害义的毛病。骈文的用典一般是正用，反用的极少。现在的人们之所以不喜欢骈文，主要原因就在于语言障碍，不熟悉典故，缺乏必要的历史文化基础。因此，骈文专家吴兴华教授说：“为了读骈文，我们无疑需要做点准备工作，并且调整某些习惯看法。但是用这个代价换取他们独特的艺术技巧和有价值的内容的认识，并不能算太高。”《齐民要术·序》仅仅两千多字，用典竟达四十五处之多，而且每处的用典都能剪裁熔铸，恰到好处，为我所用，点石成金，令人钦佩。

第三节 从“樊迟学稼”看贾思勰用典的气魄

人们在论述骈体文之所以在南北朝时期能够达到全盛的原因时，首先关注的是这个时期的特殊的社会、文化背景。贾思勰所处的南北朝时期，朝代变换频仍，政治混乱，战火不断。知识分子的生命时刻受到威胁，其所受迫害之广，程度之烈，实在前所未有，这些因素给知识分子带来的是深深地幻灭之感。这个时期，知识分子产生了强烈的生命意识，儒家思想的正统地位逐渐削弱，并且对其自两汉以来的独尊地位开始质疑，同时，佛教也于此际传入中国，道家思想又经东汉战乱之后渐成大势；于是，这两股思潮演变为玄学，成为南北朝时期知识分子的思想主流。

知识分子和文人的生命意识的觉醒，使得他们更加强调个人意识，追求精神自由；苦难的社会现实，激发他们将自己的聪明才智外化为一种具象的东西，或嗜酒，或炼丹，而在文学上则是表现为强烈的对于美的执着追求，于是骈文这种美文形式应运而生。

宗白华先生说："汉末魏晋六朝，是中国政治最混乱、社会最痛苦的时代，然而却是精神史上极自由，最富于智慧，最浓于热情，因此，也就是最有艺术精神的时代……这是中国历史上最有生气，最活泼爱美，美的成就最高的时代。"

自西汉董仲舒为孔子争得独尊地位，儒家思想在中国封建统治中就没有被撼动过其在意识形态的正统权威。只有一个特例，这就是魏晋六朝。敢于否定、敢于质疑，这就是南北朝时期知识分子的铮铮风骨，贾思勰亦不遑多让。

"樊迟学稼"这个典故很有名，文革中以此丑化孔子，那是失去了底线。但在贾思勰这里却是显现出一个古代思想家的成熟和科学家的理智与清醒。

《序言》第六段说："谚曰：'智如禹汤，不如尝更。'是以樊迟请学稼，孔子答曰：'吾不如老农。'然则圣贤之智，犹有所未达，而况于凡庸者乎？"

贾思勰使用这个典故，意在阐明农业生产活动中亲身经验的宝贵，这也和他在文末所说"询之老成，验之行事"暗合，体现他的科学家的思想境界。从文章用典的角度，则表现其对事典的熔铸剪裁，为我所用。同时也从一个侧面令我们看到南北朝时期知识分子的对儒家权威的批判："圣贤之智，犹有所未达"；明白指出，孔子并非至圣万能，他也有不足和缺陷，不能盲目崇拜，更不能为其不足和缺陷挖空心思寻找理由，以非为是。

早于贾思勰的孟子和晚于贾思勰的朱熹就是以卫道士身份为孔子无条件的捍卫和保护的。

《孟子·滕文公上》记载：与孟子同时代的农学家叫许行的，从楚国来到滕国，面见滕文公说："我这个远方之人听说您广行仁政，于是跋涉而来，希望得到您赐予的一块土地，做您的臣民。"

滕文公满足了他的要求。

许行有门徒数十人，都奉行农学家的宗旨，穿着麻衣，用草编鞋，动手织席。总之，但凡生活必需，必定亲手去做。

陈相和孟子是至交，也信奉孔子学说；但是，自从他见了许行以后，竟然完全抛弃以前的学问而向许行学习。

有一天，陈相拜访孟子，引述许行的话说："滕君确实是个贤明的君主，尽管如此，他却不真懂得道理。贤人是和老百姓一同耕作，才吃饭；自己动手，丰衣足食，然后治国理政。你看现在，滕君既不种田，还有粮仓、库房，这不是残害百姓来养活自己吗？"

我们知道，孟子善于辩论，他的逻辑思辨能力超强，或者抓住论敌破绽当头棒喝，或者将概念发挥乱敌阵脚，或者欲擒故纵请君入瓮，总之，他的论辩无往不胜。这次，陈相的确在论战中已经把自己放在"靶子"的位置上了，经不住孟子的强大攻势。其实，从逻辑上说，这恰恰是农家思想还不够成熟，不如孔子思想体系这么完整有生命力。

孟子说，许行固然自己耕种粮食，但是，他穿戴的衣服、帽子、鞋子，耕田用的耒耜，盛粮用的器皿，都需要在社会分工前提下的互相交换。唯如此，社会才能和谐、进步。经过这番辩论，孟子极尽发挥，阐述他的社会治理理论："故曰或劳心，或劳力；劳心者治人，劳力者之于人，治于人者食人，治人者食于人，天下之通义也。"他又滔滔不绝，引用《尚书》，列举尧从田畝中拔擢舜、舜命禹治水、益掌山泽、后稷教民稼穑、契任司徒，推行教化，百官司职，臻于郅治。自朝廷至于民间，从百官到百工，社会分工各有不同。如果一定要亲手耕种才配有饭吃，那么孔子斥责樊迟为"小人"，不就于理无据，儒家思想体系不就崩塌？虽然这番论述中孟子并未涉及"樊迟请学稼"，但是陈相和樊迟一样，本自为孔子信徒，同样怀疑老师学说，都有叛师之罪，孟子自然奋起而挞伐，以捍卫儒家学说。

"樊迟请学稼"，孔子当面回答樊迟要去老农、老圃那里学习，待其退出，则讥他为"小人"，亦即孟子概念中的"劳力者"，孔子认为："上好礼，则民莫敢不敬；上好义，则民莫敢不服；上好信，则民莫敢不用情。夫如是，则四方之民襁负其子而至焉，焉用稼？"对此，朱熹注释说："樊迟游圣人之门，而问稼圃，志则陋矣，辞而辟之可也。待其出而后言其非，盖于其问也，自谓农圃之不如则拒之者至矣。须（樊迟）之学疑不及此而不能问，不能以三隅反之矣，故不复。及其既出，则惧其终不喻也，求老农老圃而学焉，则其失俞远矣，故复言之，使知其前所言者意在此也。"

照朱熹的解释，孔子回答："我不如老农"，"我不如老圃"，其实是非常生气，生气樊迟竟然作如此之问——以为他志向鄙陋，"大人之事"不通不深学勤问，举一反三；"小人之事"不通却叩问急切，又怕他果真莽莽撞撞跑到老农老圃前面求教，丢尽圣人脸面，故反复痛批："小人哉，樊须（樊迟）也。"

"樊迟学稼"这个典故的出处以及孟子、朱熹和贾思勰对这个典故的使用我

们做了简单对比，从中完全可以看出贾思勰是如何运用它进行精密说理的。

第四节 《齐民要术·序》用典统计

段落	序号	用典	出处与年代
第一段	1	神农为耒耜	传说
	2	舜制历法	《尚书·尧典》
	3	后稷播时百谷	《尚书·尧典》
	4	禹平水土	《尚书·禹贡》
	5	殷周故事	《诗经》《尚书》
第二段	6	管子重耕织	《管子·揆度》
	7	荷蓧丈人讥讽孔子	《论语·微子》
	8	勤胜贫，谨胜祸	古语
	9	勤力谨身	李悝语
	10	商鞅变法	《史记·商君列传》
第三段	11	圣人忧民穷苦	《淮南子》
	12	圣人忧民穷苦	《淮南子》
	13	圣人忧民穷苦	《淮南子》
第四段	14	勤力致丰	《仲长子》
	15	勤力致丰	《谯子》
第五段	16	晁错无粮不稳，不农则乱	《汉书·食货志》
	17	刘陶	《后汉书》
	18	陈思王	《曹子建集》
第六段	19	赵过牛耕胜耒耜之利	汉武帝时事
	20	蔡伦造纸胜缣牍之烦	东汉事
	21	耿寿昌建“常平仓”，益国利民	汉武帝时事
	22	桑弘羊创均输法益国利民	汉武帝时事
	23	樊迟学稼	《论语·子路》
第七段	24	猗顿、陶朱公发展蓄养致富	春秋时事
	25	任延、王景以牛耕广垦田地	东汉时事
	26	皇甫隆教作耧犁，改易制衣之法，节省布帛	三国时事
	27	茨充教民种桑养蚕织履	《后汉书·茨充传》
	28	崔寔作纺绩织纴之具以教	东汉时事
第八段	29	黄霸教吏畜鸡豚，赡鳏寡、务耕桑，节用	西汉时事
	30	龚遂劝民务农桑	西汉时事
	31	吕信臣兴修水利	西汉时事
	32	童种率民蓄养	东汉时事
	33	颜斐整阡陌种桑果，教匠作车	三国时事
	34	王丹奖勉勤劳者	西汉时事
	35	杜畿课民蓄羊	东汉时事

（续表）

段落	序号	用典	出处与年代
	36	太公斥卤播嘉谷	《仲长子》
第九段	37	李衡种橘以遗子孙	三国事
	38	樊重种梓漆以备不时之需	东汉事
	39	《尚书》强调稼穑之难	《尚书》
	40	《孝经》宣传谨身节用以养父母	《孝经》
第十段	41	《论语》强调民富邦固	《论语》
	42	汉文帝为天下守财	《汉书》
	43	孔子言治家犹治国	《论语》
十一段	44	以《管子》言论丰饶更应节俭	《管子》
十二段	45	仲长子强调积渐成习	《仲长子》

第五节　骈文用典的多重社会文化背景

一、《齐民要术·序》的用典

《齐民要术·序》约2200字，用典却达45处之多，全文除末段揭明写书的基本原则和写作态度未涉用典外，其余十二个自然段全部引经据典，几至无一句无来历，且数量庞大，时间跨度从三皇五帝到近代故事，从经史子集到笔记杂著，灵活运用，巧妙嫁接，句句指向所论述的话题，用典不再是为了修饰文辞，而是直接用以阐发主题，将自己论述的观点犹如江河一泻而出，穿越层峦叠嶂，百折不回，给人以酣畅淋漓之感，其效果用刘永济先生在《文心雕龙·校释》中所言："气畅而凝"。

贾思勰在其序文中的用典，和当时盛行的骈文用典在方式上略有不同，而是跟骈文初期的赋作用典的情形差不多，即举例引证；早期的用典以历史故事为主，后期则语典渐多。典型的南北朝骈文用典，可以从三个角度去分析和观察(据钟涛先生《六朝骈文形式及其文化意蕴》）即：

用事　　截取片语　　正用

造语　　概括主题　　反用

发展至南北朝时期，骈文形式美日臻胜景之时，特别讲究对原典进行浓缩提炼，熔铸剪裁，如果读者不具备应有的历史文化常识，则往往坠入云雾之中，不知所以。这时期的骈文用典又有明用、暗用、反用、借用、活用等多种方式，总之，骈文作家总是挖空心思从古代史料中寻找适当的语言资料来表达自己想说而不愿直说的思想。

贾思勰的用典，与赋作的铺陈很相似，用事典多而少造语，正用、明用多而反用、暗用少。以第三段为例解析一下：

“《淮南子》曰：‘圣人不耻身之贱也，愧道之不行也；不忧命之长短，而忧百姓之穷。是故禹为治水，以身解于阳盱之河；湯由苦旱，以身祷于桑林之祭。’‘神农憔悴，尧瘦瘽，舜黧黑，禹胼胝。由此观之，则圣人之忧劳百姓甚矣。故自天子以下，至于庶人，四肢不勤，思虑不用，而事治求赡者，未之闻也。’‘故田者不强，囷仓不盈；将相不强，功烈不成。’”

这段话虽然全部引自《淮南子》，但其行文风格却与贾氏化为一体，全段讲究对仗，全部用典。这些用典，都属于明用、正用。

《齐民要术·序》用典，还有序文内部的明显差异性，主要表现在首段的用典和后面铺陈的用典在手法上有截然不同的风格。我们已经说过，首段是序文的总纲，提纲挈领，总领“序文”全文，所以不便展开，故此，所用事典也是仅仅点题，不似后面的用典把事例展开，通过对事例剖析，论证观点。因此，读者如果对所涉典故不甚熟悉，则形成阅读障碍，妨碍内容的表达。

二、用典风气形成原因

游国恩先生等主编的《中国文学史》在分析南北朝骈文形成的原因时说：“在帝王和贵族左右着文坛的南北朝时代，作家们大多生活在帝王、贵族的周围，他们的生活、思想、艺术趣味都受到很大的束缚。为了用华丽纤巧的形式来掩饰空虚贫乏的内容，骈文这种特别注意形式美的文体，便受到当时文人们普遍的欢迎，大大地繁荣起来了。”

骈文在南北朝时期达至全盛，这的确与其特殊的政治、社会、文化背景直接相关，同理亦知，贾思勰受骈文影响，在其著述中难以跳脱其窠臼，必定表现出明显的骈文倾向。前面我们已经有过分析，贾思勰敢于否定儒家所尊崇的孔子权威，即是当时知识分子特殊思想状态的体现。

南北朝时期政治黑暗，社会动荡，儒学式微，而以道家思想为基础的玄学却风头正劲，这时期，佛教也已进入中原地区。知识分子的消极出世的人生观正与玄佛合辙和韵，这大大激发了他们强烈的生命意识和自我意识。这可算作骈文兴盛的丰腴土壤。

南北朝文学，一般被认为是贵族文学。南朝梁的萧衍、萧纲既是政治魁首，又是文坛领袖；以他们为代表的贵族、士族势力既是地位、财富的拥有者，又是文化传统的继承者。他们既以饱学、高雅相标榜，又在奢侈柔靡上相竞逐。这一时期，豪门贵族之家，其父兄子弟往往一门能文。因此，数典用事，正是他们显示高贵渊博的方式之一。根据“贾学”专家所论，贾思勰虽仅至高阳太守，史书中无片语记载，但是他的兄弟行贾思伯、贾思同都是北魏显宦，那么，贾氏一族在当时就是“贵族”“士族”一类。《魏书·贾思伯传》云：“贾思伯，字士休，齐郡益都人也……孝昌元年卒。赠镇东将军，青州刺史，又赠尚书右仆射，谥曰文贞。”又《魏书·贾思伯传》曰：“思伯弟思同，字士明。少励志行，雅号经史。释褐彭城王国侍郎，五迁尚书考公郎、青州别驾……兴和二年卒。赠使持节，都督青徐光三州诸军事，骠骑大将军，尚书右仆射，司徒公，青州刺史，谥曰文献。”

南北朝时期，贵族文人之间流行用典比赛，多者、胜者有奖。如王鋕与何宪，陆澄与王俭，沈约与刘显之间都有过类似比赛。梁武帝因为比不过刘峻而醋意大发，不再引见他，因为比不过沈约而恼羞成怒要杀他。

《南史·刘峻传》：

武帝每集文士策经史事，时范云、沈约之徒，皆引短推长，帝乃悦，加其赏赉。令策锦被事，咸言已罄。帝试呼问峻，峻时贫悴冗散，忽请纸笔，疎十一事。坐客皆惊，帝不觉失色，自是恶之，不复引见。

《梁书·沈约传》：

约尝侍宴，值豫州献栗，径半寸，帝奇之，问曰：栗事多少？与约各疎所忆，少帝三事。出谓人曰：“此公护前，不让即羞死。”帝以其言不逊，欲抵其罪，徐勉固谏，乃止。

贾思勰处在这种以“隶事（用典）相高”的氛围之中，其行文风格深烙其印痕，理所固然。我们已经说过，典型的骈文主要题材是摹写景物与抒发感情，像这样写作序言而具骈文风格的尚不多见，倒是扬雄的《解嘲》与其有相近的味道。

第六节 “禹制土田”用典再析

缪启愉先生在《〈齐民要术〉译注》中将“禹制土田”注释为“相传他（禹）治好洪水以后，第一件事就是规划土地田亩，尽力开挖沟渠通到大川（灌排渠系）作为经理和发展农业生产的基本保证。”然后全国各地才得以安定下来，即“万国作乂”。

贾思勰在《齐民要术》“序文”中用的说法是：“禹制土田，万国作乂”，而《尚书·皋陶谟》中大禹自叙功绩时用的是：“蒸民乃粒，万邦作乂”，用词稍稍不同，意思完全一样；“蒸民乃粒”的“粒”意即“安定”。

《皋陶谟》是《尚书》中最有文采的一篇，它应该是一次舜帝御前会议的记录。皋陶和大禹一样，都是舜帝股肱大臣，主要负责刑法狱讼。《皋陶谟》可分为四部分，第一部分是皋陶和大禹的讨论，第二部分主要记述舜帝和大禹的对话，禹先陈述了自己的治水的功绩，提出了应当重视民生的意见，又同舜讨论了君臣之道及治理苗民的办法。“禹制土田，万邦作乂”就是在这个时候出现的。原文是这样：

禹曰：“洪水滔天，浩浩怀山襄陵，下民昏垫。余乘四载，随山刊木，暨益奏庶鲜食。余决九川距四海，浚畎浍距川，暨稷播，奏庶艰食鲜食。懋迁有无，化居。蒸民乃粒，万邦作乂。”

为了理解的更方便一些，不妨把它译作白话：

禹说：“洪水滔滔，巨浪接天，浩浩荡荡的大水包围了大山，漫上了陵冈，百姓都掉在洪水里，被巨浪吞没。我前后换乘四种交通工具，沿着山路砍伐树木做出路标，跟益一起把新宰杀的飞禽走兽送给百姓吃。我率领民众疏通了九州的大河，把河水都导入大海；还疏通了田间的水渠，把水都导入大河。跟稷一起教民众播种粮食，把百谷送给百姓吃，并发展贸易，让百姓们互通有无，交换余缺。这样，百姓们才得以安居乐业，众多的诸国才得以治理。”

从大禹的自述中我们知道，他的主要功绩是疏浚河川，即“治水”，至于缪启愉先生说的“规划土地田亩”，并未涉及。在《皋陶谟》中，大禹和舜帝谈到自己的功绩、苦辛时还说：

“余创若时，娶于涂山，辛壬癸甲。启呱呱而泣，予弗子。惟荒度土工。弼成五服，至于五千。州十有二师，外薄四海，咸建五长，各迪有功。”这段话也有必要用白话翻译一下：

（禹说）：“我娶了涂山氏的女儿，婚后四天就外出治水。我走前启（大禹儿子，夏朝君主）已呱呱坠地，啼哭不止，但我却顾不上爱抚他，只想着治理水土的事儿。我辅佐君王开拓疆土，新开辟了五个服役纳贡的地区，范围一直延伸到距王城五千里的地方，每州设立十二位长官，从九州一直到四海边地。每五个诸侯国划为一个大区，设立一位诸侯长，让他们统筹服役纳贡的事。”

这段话很重要，重要之处有两个方面，一是从尧帝儿子朱丹的傲慢酗酒说到自己对启的亏欠，或许这也是大禹不能和尧舜一样以天下为公、举贤荐能，传位于儿子启，开启世袭制的诱因；二是这段话的内容其实就是《禹贡》的内容提要。既使再把《禹贡》全文引用，我们也看不到“大禹规划土地田亩”的影子。

有关大禹的事迹，其记载主要存在于《尚书·皋陶谟》、《尚书·禹贡》，这属于第一手的资料。其次，则见于《孟子》和《史记》。孟子专事对三皇五帝正统的捍卫和辩护，意见虽然有些失却公允，但司马迁还是照单全收，全部采信；譬如有关中国历史走向的大禹为何传子而不传贤的问题，就极尽能事为大禹和启找理由。《史记·夏本纪》基本采用了《尚书》和《孟子》的内容，几乎很少有新的举证。倒是对于大禹治水期间十三年，数次过家门而不入，给予了事例剖析：

尧崩，帝舜问四岳曰：“有能美尧之事者使居官？”皆曰：“伯禹为司空，可成美尧之功。”舜曰：“嗟，然！”命禹：“女平水土，维是勉之。”禹拜稽首，让与契、后稷、皋陶。舜曰：“女其往视尔事矣。”

禹为人敏给克勤；其德不违，其仁可亲，其言可信；声为律，身为度，称以出；亹亹穆穆，为纲为纪。

禹乃遂与益、后稷奉帝命，命诸侯百姓兴人徒以傅土，行山表木，定高山大川。禹伤先人父鲧功之不成受诛，乃劳身焦思，居外十三年，过家门而不敢入。薄衣食，致孝于鬼神。卑宫室，致费于沟淢。陆行乘车，水行乘船，泥行乘橇，山行乘檋。左准绳，右规矩，载四时，以开九州，通九道，陂九泽，度九川。令益予众庶稻，可种卑湿。命后稷予众庶难得之食。食少，调有余相给，以均诸侯。禹乃行相地宜所有以贡，及山川之便利。

这里司马迁告诉我们，大禹牢记其先父治水无功被舜帝处死的教训，在外十三年，备尝艰辛，终于治水成功。同时，这段话也使我们知道，司马迁写作《夏本纪》，主要依据的还是《尚书》中的资料，包括《禹贡》也是全文引用。

“禹贡”的“贡”历来有两种解释，一说释为功，谓禹贡即禹的功绩，认为禹披九山、通九泽、决九河、定九州，功劳极大，人们因深深怀念他的功绩而写作此文；另一说则将“贡”释为税、献，即向朝廷进献方物之义，谓“禹贡”系指禹制定贡法，同时又隐含大一统之意。全篇约略可分为三大部分：第一部分颂扬大禹治理九州的功绩，记述了各州的山川、湖泊、土壤、物产、田赋等级、贡品名目、水路运输路线；第二部分歌颂大禹治理山水的功绩，描述了当时的山脉和河流大势；第三部分赞美大禹统一中国的功绩，申述了五服说。联系到缪启愉先生所说的“规划土地田亩”，《禹贡》似乎仅仅涉及到大禹如何分别九州土地土壤成色等级，以确定赋税等级而已。

附：《尚书·禹贡》译文

禹分别土地的疆界，行走高山、砍削树木作为路标，以高山大河奠定界域。

冀州：从壶口开始施工以后，就治理梁山和它的支脉。太原治理好了以后，工程就扩展到太岳山的南面。覃怀一带的治理取得了成效，又到了横流入河的漳水。那里的土壤是白细柔软，那里的赋税定位第一等，也夹杂着第二等，那里的土质属于第五等。恒水、卫水已经顺着河道而流，大陆泽也已治理了。沿海一带用皮服来进贡，先接近右边的碣石山，再进入黄河。

济水与黄河之间是兖州：黄河下游的九条支流疏通了，雷夏也已经成了湖泽，澭水和沮水会合流进了雷夏泽。栽种桑树的地方都已经养蚕，于是人们从山丘上搬下来住在平地上。那里的土质又黑又肥，那里的草是茂盛的，那里的树是高大的。那里的田地是第六等，赋税是第九等，耕作了十三年才与其他八个州相同。那里的贡物是漆和丝，还有那竹筐装着的彩绸。进贡的船只行于济水、漯水到达黄河。

渤海和泰山之间是青州的疆域：嵎夷治理好以后，潍水和淄水也已经疏通了。那里的土又白又肥，海边有一片广大的盐碱地。那里的地是第三等，赋税是第四等。那里进贡的物品是盐和细葛布，海产品多种多样。还有泰山谷的丝、大麻、锡、松和奇特的石头。莱夷一带可以放牧。进贡的物品是那筐装的柞蚕丝。进贡的船只行于汶水达到济水。

黄海、泰山及淮河之间是徐州：淮河、沂水治理好以后，蒙山、羽山一带已经可以种植了，大野泽已经停聚着深水，东原地方也获得治理。那里的土是红色的，又黏又肥，草木不断滋长而丛生。那里的田是第二等，赋税是第五等。那里的贡品是五色土，羽山山谷的大山鸡，峄山南面的特产桐木，泗水边上的可以做磬的石头，淮夷之地的蚌珠和鱼。还有那筐子装着的黑色的绸和白色的绢。进贡的船只行于淮河、泗水，到达与济水相通的菏泽。

淮河与黄海之间是扬州：彭蠡泽已经蓄住了大量流水，南方各岛的人们可以安居了。三条江水已经流入大海，震泽也获得了安定。小竹和大竹已经遍布各地，那里的草很茂盛，那里的树很高大。那里的土是潮湿的泥。那里的田是第九等，那里的赋税是第七等，杂出是第六等。那里的贡品是金、银、铜、美玉、美石、小竹、大竹、象牙、犀皮、鸟的羽毛、旄牛尾和木材。东南沿海各岛的人穿着草编的衣服。这一带把那筐装的贝锦，那包裹的橘柚作为贡品。进贡的船只沿着长江、黄海到达淮河、泗水。

荆山与衡山的南面是荆州：长江、汉水像诸侯朝见天子一样奔向海洋，众多的长江支流都汇入了洞庭湖，水势浩瀚，壮观极了！沱水、潜水疏通以后，云梦泽一带可以耕作了。那里的土是潮湿的泥，那里的田是第八等，那里的赋税是第三等。那里的贡物是羽毛、旄牛尾、象牙、犀皮和金、银、铜、椿树、柘树、桧树、柏树、粗磨石、细磨石、造箭镞的石头、丹砂和美竹、楛木。三个诸侯国进贡他们的名产，包裹好了的杨梅、菁茅，装在筐子里的彩色丝绸和一串串的珍珠。九江进贡大龟。这些贡品经长江、沱水、潜水、汉水，到达汉水上游，改走陆路到洛水，再到黄河。

荆山、黄河之间是豫州：伊水、瀍水和涧水都已流入洛水，又流入黄河，荥波泽已经停聚了大量积水。疏通了菏泽，并在孟猪泽筑起了堤防。那里的土是柔软的壤土，低地的土是肥沃的黑色硬土。那里的田是第四等，那里的赋税是第二等，杂出第一等。那里的贡物是漆、麻、细葛、苎麻，那筐装的绸和细绵，又进贡治玉磬的石头。进贡的船只行于洛水到达黄河。

华山南部到怒江之间是梁州：岷山、嶓冢山治理以后，沱水、潜水也已经疏通了。峨嵋山、蒙山治理后，和夷一带也取得了治理的功效。那里的土是疏松的黑土，那里的田是第七等，那里的赋税是第八等，还杂出第七等和第九等。那里的贡物是美玉、铁、银、刚铁、作箭镞的石头、磬、熊、马熊、狐狸、野猫。织皮和西倾山的贡物沿着桓水而来。进贡的船只行于潜水，然后离船上岸陆行，再进入沔水，进到渭水，最后横渡渭水到达黄河。

黑水到西河之间是雍州：弱水疏通已向西流，泾河流入渭河之湾，漆沮水已经汇合洛水流入黄河，沣水也向北流同渭河汇合。荆山、岐山治理以后，终南山、惇物山一直到鸟鼠山都得到了治理。原隰的治理取得了成绩，至于猪野泽也得到了治理。三危山已经可以居住，三苗就安定了。那里的土是黄色的，那里的田是第一等，那里的赋税是第六等。那里的贡物是美玉、美石和珠宝。进贡的船只从积石山附近的黄河，行到龙门、西河，与从渭河逆流而上的船只汇合在渭河以北。织皮的人民定居在昆仑、析支、渠搜三座山下，西戎各族就安定顺从了。

开通了岍山和岐山的道路，到达荆山，越过黄河。又开通壶口山、雷首山，到达太岳山。又开通底柱山、析城山，到达王屋山。又开通太行山、恒山，到达石碣山，从这里进入渤海。

开通西倾山、朱圉山、鸟鼠山，到达太华山。又开通熊耳山、外方山、桐柏山，到达陪尾山。

开通嶓冢山到达荆山。开通内方山到达大别山。开通岷山的南面到达衡山，过洞庭湖到达庐山。

疏通弱水到合黎山，下游流到沙漠。

疏通黑水到三危山，流入南海。

疏导黄河，从积石山开始，到达龙门山；再向南到达华山的北面；再向东到达底柱山；又向东到达孟津；又向东经过洛水与黄河汇合的地方，到达大伾山；然后向北经过洚水，到达大陆泽又向北，分成九条支流，再合成一条逆河，流进大海。

从嶓冢山开始疏导漾水，向东流成为汉水；又向东流，成为沧浪水；经过三澨水，到达大别山，向南流进长江。向东，来汇的水叫彭蠡泽；向东，称为北江，流进大海。

从岷江开始疏导长江，向东另外分出一条支流称为沱江；又向东到达澧水；经过洞庭湖，到达东陵；再向东斜行向北，与淮河汇合；向东称为中江，流进大海。

疏导沇水，向东流就称为济水，流入黄河，河水溢出成为荥泽；又从定陶的北面向东流，再向东到达菏泽县；又向东北，与汶水汇合；再向北，转向东，流入大海。

从桐柏山开始疏导淮河，向东与泗水、沂水汇合，向东流进大海。

从鸟鼠同穴山开始疏导渭水，向东与沣水汇合，又向东与泾水汇合；又向东经过漆沮水，流入黄河。

从熊耳山开始疏导洛水，向东北，与涧水、瀍水会合；又向东，与伊水汇合；又向东北，流入黄河。

九州由此统一了：四方的土地都已经可以居住了，九条山脉都伐木修路可以通行了，九条河流都疏通了水源，九个湖泽都修筑了堤防，四海之内进贡的道路都畅通无阻了。水火金木土谷六府都治理得很好，各处的土地都要征收赋税，并且规定慎重征取财物赋税，都要根据土地的上中下三等来确定它。中央之国赏赐土地和姓氏给诸侯，敬重以德行为先，又不违抗我的措施的贤人。

国都以外五百里叫作甸服。离国都最近的一百里缴纳连秆的禾；二百里的，缴纳禾穗；三百里的，缴纳带稃的谷；四百里的，缴纳粗米；五百里的缴纳精米。

甸服以外五百里是侯服。离甸服最近的一百里替天子服差役；二百里的，担任国家的差役；三百里的，担任侦察工作。

侯服以外五百里是绥服。三百里的，考虑推行天子的政教；二百里的，奋扬武威保卫天子。

绥服以外五百里是要服。三百里的，约定和平相处；二百里的，约定遵守条约。

要服以外五百里是荒服。三百里的，维持隶属关系；二百里的，进贡与否流动不定。

东方进至大海，西方到达沙漠，北方、南方同声教都到达外族居住的地方。于是禹被赐给玄色的美玉，表示大功告成了。

第七节　骈文的对偶

骈文在形式上最突出的特征就是对仗。长久以来，研究者对辞赋该不该划入骈文一直有争论，一种意见是包括辞赋，反对者则将辞赋排除在骈文之外，第三种意见是骈文包括辞赋，但不包括其他赋体文学。所争者其实焦点集中在辞赋中的对句、铺陈、排比是否认定为骈文中的对仗。骈文研究专家认为，“骈对”其实古已有之，其起源可追溯至六经、诸子与离骚。

刘勰就是这种观点。《文心雕龙·丽辞》：“唐虞之世，辞未及文，而皋陶赞云：‘罪疑惟轻，功疑惟重。’益陈谟云：‘满招损，谦受益。’岂营丽辞，率然对尔。《易》之《文》《系》，圣人之妙思也，序乾四德，则句句相衔；龙虎类感，则字字相俪；乾坤易简，则婉转相承，日月往来则隔行悬合，虽字句或殊，而偶意一也。”

刘勰的分析是有道理的，六经、诸子、离骚的偶对并非文人作者“主动为之”，而是“率然对尔”，这些对句侧重“句意相偶”，在结构上还远不如南北朝时期骈文的精工严密。“骈于意而不骈于句辞”，这是自六经以至两汉辞赋中对句的常态。

这就自然引出了一个问题，即辞赋的对偶、铺陈、排比是作为后期骈文对仗的雏形归入一家，还是将他们严格分际，不许混淆呢？也只有解决了这个问题，《齐民要术·序》中的有关问题才能得以解决。还有的研究者认为，这些骈句是骈文的先河而非“初祖”，这在概念上很不分明，“先河”与“初祖”又有什么区别呢？

辞赋中多排比，而骈文中多对仗；从修辞的角度看，排比和对仗是有不同的形式，两个句式相同的句子组成对仗，两个以上的结构相同的句子组成的一组句子叫排比，实际上只是量的多寡不同而已，并无质的不同，所以，还是应该把辞赋归入骈体文的范畴。台湾学者简宗梧说：“当辞赋体式逐渐成为写作文章公式的时候，也正是赋体从大量排比‘图声写貌’转化为珠联偶对以‘据事以类义’的阶段，所以六朝骈文之兴，也正是文章辞赋化的结果。”从排比到对仗，显示着辞赋和骈文的继承关系，更彰显着它们之间不能切割的关系。

解析《扬雄《解嘲》中的两个段落，分析辞赋中的对仗有何特点。

“今大汉左东海，右渠搜，前番禺，后椒涂，东南一尉，西北一侯。徽以纠墨，制以鑕鈇，散以礼乐，风以《诗》《书》，旷以岁月，结以倚庐。天下之士，雷动云合，鱼鳞杂袭，咸营于八区。莉莉自以为桡契，人人自以为皋陶。戴縰垂缨而谈者，皆拟于阿衡；五尺童子，羞比晏婴与夷吾。当涂者升青云，失路者委沟渠。旦握权为卿相，夕失势则为匹夫。譬若江湖之崖，渤澥之岛，乘雁集不为之多，双凫飞不为之少……”

“且吾闻之，炎炎者灭，隆隆者绝。观雷观火，为盈为实。天收其声，地藏其热。高明之家，鬼瞰其室。攫拿者亡，默默者存。位极者宗危，自守者身全。是故知玄知默，守道之极。爰清爰静，游神之庭；惟寂惟寞，守德之宅。世事异变，人道不殊，彼我异时，未知何如……”

这两段中，“左东海，右渠搜，前番禺，后椒涂，东南一尉，西北一侯；徽以纠墨，制以鑕鈇，散以礼乐，风以《诗》《书》，旷以岁月，结以倚庐。”是排比句；“莉莉自以为桡契，人人自以为皋陶。”意偶且结构相同，但其中“自以为”三字重复，犯了对仗的忌讳。“当涂者升青云，失路者委沟渠”算是比较合符对偶要求的。“旦握权则为卿相，夕失势则为匹夫。”亦是有重复词组，至于

“乘雁集不为之多，双凫飞不为之少”仍是同样情况。比较上段而言，第二段则稍微精工，其工整的四字句结构，即使放到南北朝时期的典型骈文当中，也能与其并驾齐驱，难分伯仲。

骈文的另一个名字叫“四六文”，即骈文的基本句式是四字句和六字句，早期代表性的骈文作品仍是以四字句为主，具有从赋体脱胎而来的样子；后来六字句和四六隔对才逐渐成型。贾思勰《齐民要术·序》中前几段与末尾两段亦是四字句占主体。上文已经拿杨雄的《解嘲》为例进行分析，下面，再举吴均的《与朱元思书》并同时列举《齐民要术·序》揭明写作态度和目的的一段放在一起，比较中体味它们的共有之味。

风烟俱净，天山共色。从流飘荡，任意东西。自富阳至桐庐一百许里，奇山异水，天下独绝。

水皆缥碧，千丈见底。游鱼细石，直视无碍。急湍甚箭，猛浪若奔。

夹岸高山，皆生寒树，负势竞上，互相轩邈，争高直指，千百成峰。泉水激石，泠泠作响。好鸟相鸣，嘤嘤成韵。蝉则千转不穷，猿则百叫无绝。鸢飞戾天者，望峰息心；经纶世务者，窥谷忘返。横柯上蔽，在昼犹昏；疏条交映，有时见日。

齐民要术·序（节选）

今采捃经传，爰及歌谣，询之老成，验之行事；起自农耕，终于醯醢，资生之业，靡不毕书，号曰《齐民要术》，凡九十二篇，束为十卷。卷首皆有目录，于文虽烦，寻览差易。其有五谷、果蓏非中国所植者，存期名目而已。种莳之法，盖无闻焉。舍本逐末，贤者所非；日富岁贫，饥寒之渐，故商贾之事，阙而不录。花草之流，可以悦目，徒有春花，而无秋实，匹诸浮僞，盖不足存。

《齐民要术·序》的行文特点和同时期骈文作家一样，以四字句为主，间有散句掺杂；同时，后两句以“阙而不录”和“盖不足存”作为核心部分又并列为对仗形式。

第八节 《齐民要术·序》对句例析

一、骈文风格例析

序号	句子
1	神农为耒耜，以利天下；尧命四子，敬授民时。
2	舜命后稷，食为政首；禹制土田，万国作乂。
3	殷国之盛，诗书所述。
4	四体不勤，五谷不分。
5	人生在勤，勤则不匮。

（续表）

序号	句子
6	一农不耕，民有饥者；一女不织，民有寒者。
7	仓廪实，知礼节；衣食足，知荣辱。
8	力能胜贫；谨能胜祸。
9	勤力可以不贫；谨身可以避祸。
10	李悝为魏文侯作尽地力之教，国以富强。秦孝公用商君急耕战之赏，倾邻国而雄诸侯。
11	圣人不耻身之贱也，愧道之不行也；（圣人）不忧命之长短，而忧百姓之穷。
12	禹为治水，以身解于阳睢之河；汤由苦旱，以身祷于桑林之祭。
13	（故）田者不强，囷仓不盈；将相不强，功烈不成。
14	青春至焉；时雨降焉。
15	始之耕田；终之簠簋。
16	惰者釜之；勤者钟之。
17	苟无羽毛，不织不衣；（不能）茹草饮水，不耕不食。
18	寒之于衣，不待轻暖；饥之于食，不待甘旨。
19	一日不再食则饥；终岁不制衣则寒。
20	腹饥不得食，体寒不得衣；慈母不能保其子，君亦安能有其民。
21	民可百年无货；不可一朝有饥。
22	寒者不贪尺玉而思短褐；饥者不愿千金而美一食。
23	赵过始为牛耕，实胜耒耜之利；蔡伦立意造纸，岂方缣牍之烦？
24	耿寿昌之常平仓；桑弘羊之均输法。
25	丛林之下，为仓庾之坻；鱼鳖之堀，为耕稼之场。
26	太公封而斥卤播嘉谷；郑白成而关中无饥年。
27	食鱼鳖而薮泽之形可见；观草木而肥墝之势可知。
28	稼穑不修，桑果不茂，畜产不肥，鞭之可也；杝落不完，垣墙不牢，扫除不净，笞之可也。
29	天子亲耕，皇后亲蚕。
30	用天之道，因地之利；谨身节用，以养父母。
31	百姓不足，君孰与足。
32	饥者有过甚之愿；渴者有兼量之情。
33	既饱而后轻食；既暖而后轻衣。
34	或由年谷丰穰，而忽于积蓄；或由布帛优赡，而轻于施与。
35	桀有天下而用不足；汤有七十里而用有余。
36	鲍鱼之肆，不自以气为臭；四夷之人，不自以食为异。
37	采捃经传，爰及歌谣。
38	询之老成，验之行事。
39	起自农耕；终于醯醢。
40	舍本逐末，贤者所非。日富岁贫，饥寒之渐。故商贾之事，阙而不录。花草之流，可以悦目，徒有春花，而无秋实，匹诸浮伪，盖不足存。

如果把第七、第八、第九、第十四个段落拿出来单独考察，我们发现，在其余段落中对仗句式占了总句数的绝大部分，虽然说这些对仗句式相比典型的骈文对仗略显粗糙，但我们还是应该把它们看成是对仗。

文论专家一直在探讨骈文与辞赋的关系问题；骈文与辞赋，需要讲清楚的问题主要就是对仗，但恰恰是在对仗问题上，又最不容易讲得明白。研究者认为，骈文和辞赋的区别，主要有以下两点：

①从修辞上看，骈文以对仗为主，辞赋以铺陈为主；

②从句法上看，骈文以对偶为主，辞赋以排比为主。

所以，古人又把骈文叫作“丽辞”“丽语”“偶语”“俳语”。

铺陈，是对事物和现象的方方面面做周详的描绘、陈述；排比是指三个以上句型相同，意义相近的句式的连续使用，是实现铺陈的手法之一。

前文已经介绍，对仗与排比，只是块头大小不同而已，两个句型相同或相近的句式组成的叫对仗，块头大了，三个以上句型相同或相近的句式组成排比。排比是对仗的增加，而对仗又是排比的组成部分。辞赋以排比为主也不乏对偶句，骈文以对偶句为主也可用排比句。

《齐民要术·序》第一段，以对仗的角度看，可以组成三个对偶句：

①盖神农为耒耜，以利天下；

尧命四子，敬授民时。

②舜命后稷，食为政首；

禹制土田，万国作乂。

③殷周之盛；

《诗》《书》所述。

如果把它们放在一起看，则是一个完整的排比句。它们句式相似，句意相同或相近，排山倒海，一气呵成。通过排比实现铺陈的效果，说理酣畅，论证透彻，最后一句卒章显志：“要在安民，富而教之。”

《序》的七、八、九、十段，列举大量历史事实论证发展农业的急迫性，从落后地区的教导开发说到进步内地的促进发达，从奖励勤力耕作说到远景规划造福后人，充分显示作者谆谆敦嘱的心情和对政府官员的鞭策。

七、八两段，在全篇序文中段落体量最大，从行文风格上看，好像与其他带有骈赋风格的段落大相迥异，貌似散文样式，其实不然。考察它的骨干句子，句式特点基本相同，从而构成排比：

第七段句式示例

序号	骨干句子句式
1	猗顿……乃教……
2	任延王景乃令……
3	充……教民……
4	崔寔……为做……

第八段句式示例

序号	骨干句子句式
1	黄霸为颍川……
2	龚遂为渤海……
3	召信臣为南阳……
4	童仲为不其令……
5	王丹家累千金……

一个段落就是一组排比，这样的风格很像汉赋，赋体文学的特征就是铺陈和叙写，它所依赖的修辞功能则是排比和对偶。不过，赋体文学的铺陈和叙写主要用于摹写和抒情，而贾思勰却将铺陈和叙写用到了说理论证上，不能不说是一种新的尝试。

由上节列表得知，《齐民要术·序》全文以对句占绝大多数，而散句极少。应该说，贾思勰在行文中已经不再把对仗作为修辞手法使用，而是以对仗作为内容的直接表述方式，以对句来结构文章。这种特点，在汉赋中就表现得十分明显，扬雄、班固、张衡，它们的作品几乎通篇对句，很少散句。

班固《两都赋》之《东都赋》(节录)

往者王莽作逆，汉祚中缺，天人致诛，六合相灭。于时之乱，生人几亡，鬼神泯绝，壑无完柩，郛罔遗室，原野厌人之肉，川谷流人之血，秦、项之灾犹不克半，书契以来，未之或记。故下人号而上诉，上帝怀而降监，乃致命乎圣皇。于是圣皇乃握乾符，阐坤珍，披皇图，稽帝文，赫然发愤，应若兴云，霆击昆阳，凭怒雷震。遂超大河，跨北岳，立号高邑，建都河洛，绍百王之荒屯，因造化之荡涤，体元立制，继天而作。系唐统，接汉绪，茂育群生，恢复疆域，勋兼乎在昔，事勤乎三五，岂特方轨并迹、纷纶后辟，治近古之所务，蹈一圣之险易云尔哉？

两汉辞赋骈体化的倾向，直接孕育了南北朝骈体文的繁荣和成熟。贾思勰身处此浓厚氛围中，他亦必以骈文为能事。序文以说理见长，而散句最为适宜，贾思勰弃散句而不用，而用对句铺陈，可见他的文学功力之深，我们可以推测，贾思勰不仅是一位农学家，同时也是一位诗人和骈文大家。

刘勰在总结骈文用对时说："凡有四对，言对为易，事对为难；反对为优，正对为劣。"（《文心雕龙·丽辞》）所谓言对指仅仅词性句式相对，事对是指所举事实即内容相对。反对指事例一正一反，从对立角度共证一义，正对指两例事例事理相同，后世又称"合掌"，属于重复举例。当代学者张仁青在其《骈文学》中又把骈对细化为三十多种，其中有虚实对、流水对、异类对、同类对、交络对、磋对，奇对，假对等。从字数上考察，对句又可分为三言、四言、五言、六言、七言、八言、杂言，但最能体现骈文特点的还是四六隔对，所以，骈文又叫"四六文"，即"骈四俪六"；骈四俪六是骈文发展到成熟期的标志。在《齐民要术·序》中虽然也能找到这样的例子，但在格式上总是有些欠缺，这也是我们说序文有骈文风格而非骈体文的理由。

二、从字数上分析《齐民要术·序》中对句类型

三言

①仓廪实，知礼节；

②衣食足，知荣辱。

这组对仗，应该从两个角度观察，一是分句内是三言模式，二是从整句看，又是六言对句。同样道理，四言句对中"一农不耕，民有饥者；一女不知，民有寒者。"也是种类情况。

四言

① 力能胜贫；
谨能胜祸。

② 始之耕田；
终之簠簋。

③ 惰者釜之；
勤者钟之。

④ 起自农耕；
终于醯醢。

⑤ 青春至焉；
时雨降焉。

⑥ 殷周之盛；
《诗》《书》所述。

⑦ 四体不勤；
五谷不分。

⑧ 人生在勤；
勤则不匮。

五言

腹饥不得食；
体寒不得衣。

六言

①勤力可以不贫；
谨身可以避祸。

②民可百年无货；
不可一朝有饥。

③既饱而后轻食；
既暖而后轻衣。

七言

①慈母不能保其子；
君亦安能有其民。

②耿寿昌之常平仓；
桑弘羊之均输法。

③饥者有过甚之愿；
渴者有兼量之情。

④一日不再食则饥；
终岁不制衣则寒。

八言

①一农不耕，民有饥者；
一女不知，民有寒者。

②神农为耒耜，以利天下；
尧命四子，敬授民时。

③舜命后稷，食为政首；
禹制土田，万国作乂。

④田者不强，囷仓不盈；
将相不强，功烈不成。

⑤采捃经传，爰及歌谣；
询之老成，验之行事。

杂言

所谓杂言，是笔者为说明贾思勰使用对句的灵活性而临时所创，与诗论中所称“杂言诗”意旨有所不同。

①寒者不贪尺玉而思短褐；
饥者不愿千金而美一食。

②食鱼鳖而薮泽之形可见；
观草木而肥墝之形可知。

③太公封而斥卤播嘉谷；
郑白成而关中无饥年。

④稼穑不修，桑果不茂，畜产不肥，鞭之可也；
杝落不完，垣墙不牢，扫除不净，笞之可也。

⑤舍本逐末，贤者所非；日富岁贫，饥寒之渐，故商贾之事，阙而不录；
花草之流，可以悦目；徒有春花，而无秋实，匹诸浮僞，盖不足存。

三、骈文皇冠上的明珠——隔句对

隔句对才是骈文皇冠上的明珠，骈文发展到南北朝至于全盛，其形式的严格与工整也到了登峰造极的地步。其不仅字数上要求严格，而且在声律上也加入对平仄的要求。以至于到唐初此流风余韵依然不歇。我们赏析一下王勃的《滕王阁赋并序》，看它在对仗、声律方面的精工之处。

1. 豫章故郡，洪都新府【麌韵】
(仄平仄仄，平平平仄)
2. 星分翼轸，地接衡庐【鱼韵】
(平平仄仄，仄仄平平。)
3. 襟三江而带五湖，控蛮荆而引瓯越【月韵】
(仄平平虚仄仄平，仄平平虚仄平仄)
4. 物华天宝，龙光射牛斗之墟
(仄平平仄，平平仄平仄虚平)
人杰地灵，徐孺下陈蕃之榻。【合韵】
(平仄仄平，平仄仄平平虚仄)
5. 雄州雾列，俊采星驰【支韵】
(平平仄仄，仄仄平平)
6. 台隍枕夷夏之交，宾主尽东南之美【支韵】
(平平仄平仄虚平，平仄仄平平虚仄)
7. 都督阎公之雅望，棨戟遥临；
(平仄平平虚仄仄，仄仄平平)
宇文新州之懿范，襜帷暂驻【遇韵】。
(仄平平平虚仄仄，平平仄仄)
8. 十旬休假，胜友如云
(仄平平仄，仄仄平平)

千里逢迎，高朋满座。【个韵】

(平仄平平，平平仄仄。)

9. 腾蛟起凤，孟学士之词宗

(平平仄仄，仄仄仄虚平平)

紫电青霜，王将军之武库。【遇韵】

(仄仄平平，平平平虚仄仄)

10. 家君作宰，路出名区

(平平仄仄，仄仄平平)

童子何知，躬逢胜饯。【铣韵】

(平仄平平，平平仄仄)

11. 时维九月，序属三秋【尤韵】

(平平仄仄，仄仄平平)

12. 潦水尽而寒潭清，烟光凝而暮山紫【纸韵】

(仄仄仄虚平平平，平平平虚仄平仄)

13. 俨骖騑于上路，访风景于崇阿【歌韵】

(平平平虚仄仄，仄平仄虚平平)

14. 临帝子之长洲，得仙人之旧馆【翰韵】

(平仄仄虚平平，仄平平虚仄仄)

15. 层峦耸翠，上出重霄；飞阁流丹，下临无地【寘韵】

(平平仄仄，仄仄平平；平仄平平，仄平平仄)

16. 鹤汀凫渚，穷岛屿之萦回

(仄平平仄，平仄仄虚平平)

桂殿兰宫，即冈峦之体势【霁韵】。

(仄仄平平，仄平平虚仄仄)

17. 披绣闼，俯雕甍

(平仄仄，仄平平)

18. 山原旷其盈视，川泽纡其骇瞩【沃韵】

(平平仄虚平仄，平仄平虚仄仄。)

19. 闾阎扑地，钟鸣鼎食之家

(仄平平仄，平平仄仄虚平)

舸舰迷津，青雀黄龙之舳【屋韵】。

(仄仄平平，平仄平平虚仄)

20. 云销雨霁，彩彻区明【庚韵】

(平平仄仄，仄仄平平)

21. 落霞与孤鹜齐飞，秋水共长天一色【蒸韵】
(仄平虚平仄平平，平仄虚平平仄仄)
22. 渔舟唱晚，响穷彭蠡之滨
(平平仄仄，仄平平仄虚平)
雁阵惊寒，声断衡阳之浦【麌韵】。
(仄仄平平，平仄平平虚仄)
23. 遥吟俯畅，逸兴遄飞【支韵】
(平平仄仄，仄仄平平)
24. 爽籁发而清风生，纤歌凝而白云遏【曷韵】
(仄仄仄虚平平平，平平平虚仄平仄)
25. 睢园绿竹，气凌彭泽之樽
(平平仄仄，仄平平仄虚平)
邺水朱华，光照临川之笔【质韵】。
(仄仄平平，平仄平平虚仄)
26. 四美具，二难并【庚韵】
(仄平仄，仄平仄)
27. 穷睇眄于中天，极娱游于暇日【质韵】
(平仄仄虚平平，仄平平虚平仄)
28. 天高地迥，觉宇宙之无穷
(平平仄仄，仄仄仄虚平平)
兴尽悲来，识盈虚之有数【麌韵】。
(仄仄平平，仄平平虚仄仄)
29. 望长安于日下，目吴会于云间【删韵】
(仄平平虚仄仄，仄平仄虚平平)
30. 地势极而南溟深，天柱高而北辰远【阮韵】
(仄仄仄虚平平平，平平平虚仄平仄)
31. 关山难越，谁悲失路之人
(平平平仄，平平仄仄虚平)
萍水相逢，尽是他乡之客【陌韵】。
(平仄平平，仄仄平平虚仄)
32. 怀帝阍而不见，奉宣室以何年【先韵】
(平仄平虚仄仄，仄平仄虚平平)
33. 嗟呼时运不齐，命途多舛【铣韵】
(平平平仄仄平，仄平平仄)

34. 冯唐易老，李广难封【东韵】
(平平仄仄，仄仄平平)
35. 屈贾谊于长沙，非无圣主
(平仄仄虚平平，平平仄仄)
窜梁鸿于海曲，岂乏明时？【支韵】
(仄平平虚仄仄，仄仄平平)
36. 所赖君子安贫，达人知命【敬韵】
(平仄仄平，仄平平仄)
37. 老当益壮，宁移白首之心【侵韵】
(仄平仄仄，仄平仄仄虚平)
穷且益坚，不坠青云之志【寘韵】。
(平仄仄平，仄仄平平虚仄)
38. 酌贪泉而觉爽，处涸辙以犹欢【寒韵】
(仄平平虚仄仄，仄仄仄虚平平)
39. 北海虽赊，扶摇可接
(仄仄平平，平平仄仄)
40. 东隅已逝，桑榆非晚【阮韵】
(平平仄仄，平平平仄)
41. 孟尝高洁，空余报国之情
(仄平平仄，平平仄仄虚平)
阮籍猖狂，岂效穷途之哭【屋韵】!
(仄仄平平，仄仄平平虚仄)
42. 三尺微命，一介书生【庚韵】
(平平平仄，仄仄平平)
43. 勃无路请缨，等终军之弱冠
(平平仄仄平，仄平平虚仄仄)
有怀投笔，慕宗悫之长风【东韵】。
(仄平平仄，仄平仄虚平平)
44. 舍簪笏于百龄，奉晨昏于万里【纸韵】
(仄平仄虚仄平，仄平平虚仄仄)
45. 非谢家之宝树，接孟氏之芳邻【真韵】
(平仄平虚仄仄，仄仄仄虚平平)
46. 他日趋庭，叨陪鲤对
(平仄平平，平平仄仄)

今兹捧袂，喜托龙门【元韵】。

（平平仄仄，仄仄平平）

47. 杨意不逢，抚凌云而自惜

（平仄仄平，仄平平虚仄仄）

钟期既遇，奏流水以何惭【覃韵】？

（平平仄仄，仄平仄虚平平）

48. 呜呼胜地不常，盛筵难再

（平平仄仄仄平，仄平平仄）

49. 兰亭已矣，梓泽丘墟【鱼韵】

（平平仄仄，仄仄平平）

50. 临别赠言，幸承恩于伟饯

（平仄仄平，仄平平虚仄仄）

登高作赋，是所望于群公【东】。

（平平仄仄，仄仄仄虚平平）

51. 敢竭鄙怀，恭疏短引

（仄仄仄平，平平仄仄）

52. 一言均赋，四韵俱成【庚韵】

（仄平平仄，仄仄仄平）

53. 请洒潘江，各倾陆海云尔【贿韵】

（仄仄平平，仄平仄仄）

与骈文中平仄节奏点为词语第二字不同，格律诗直接要求二四六分明，默认无论是否为词语一概认为偶数字为节奏点，所以后人总结了“一三五不论，二四六分明”的口诀。这同时体现了平仄在诗和文中的一些共性。《滕王阁诗》算是古体诗到近体诗的一个过渡很明显的诗。首先它的同联的平仄很严谨，节奏点平仄都符合格律诗的规则，但是最后两联没粘上。也就是“黏对”体现了“对”而不完全体现“黏”。用韵上，《滕王阁诗》用了两个韵脚，《平水韵》麌韵和尤韵，平仄韵同时用，这也区别于格律诗要求的平声韵用韵规则。同时也区别于古体诗只要求韵而对二四六分明不强作要求的规则，这也许就是初唐到盛唐、古体诗到近体诗的发展的探索的一个缩影。

滕王阁诗

滕王高阁临江渚，佩玉鸣鸾罢歌舞。

（平平平仄平平仄，仄仄平平仄平仄）

画栋朝飞南浦云，珠帘暮卷西山雨。

（仄仄平平平仄仄，平平仄仄平平仄）

闲云潭影日悠悠，物换星移几度秋。

（平平平仄仄平平，仄仄平平仄仄平）

阁中帝子今何在？槛外长江空自流。

（仄平仄仄平平仄，仄仄平平平仄平）

平仄严格，但是最后两联黏对不成立，于是算过渡型古体诗。

平仄押韵已经标示得豁然清楚，而其中的对句更值得关注，典型的隔句对在文中累累迭见，如：

1. 物华天宝，龙光射牛斗之墟；
人杰地灵，徐孺下陈番之榻。

2. 腾蛟起凤，孟学士之词宗；
紫电青霜，王将军之武库。

3. 渔舟唱晚，响穷彭蠡之滨；
雁阵惊寒，声断衡阳之浦。

4. 老当益壮，宁移白首之心；
穷且益坚，不坠青云之志。

5. 屈贾谊于长沙，非无名主；
窜梁鸿于海曲，岂乏明时。

所谓隔句对，是与单句对相对而言，单句对是有两个句子组成，出句和对句字数相等，它们组成起来共同表达一个主题；单句对以四言和六言为多，长句较少。隔句对是有四个句子组成，他们在语义上共同构成一个整体。考察王勃的四六对句，发现其亦灵活多变，并不固守一种格式。比如例 1 是前四后七，例 5 是前六后四。这种灵活多变的手法与后来曾国藩的情况大体一致。骈文发展到清朝又呈现中兴局面，因而也涌现出比较多的骈文作家，前期以吴绮为代表，后期则以曾国藩为旗手，曾国藩的奏折大都以骈体形式写就。

1. 秩宗襄事，愧典礼之未娴
司寇摄官，更刑名之未晰。
（《谢署礼部左侍郎恩疎》咸丰二年正月二十五日）

2. 虽驽骀十驾，断难收追风逐日之功
而鳌戴三山，岂不知厚地高天之德。
（《谢署刑部左侍郎恩折》咸丰元年五月二十七日）

3. （1）从戎两载，乏虎头食肉之客；
殉难三河，遂马革裹尸之志。
（2）河山无恙，重吊国殇毕命之场；
魂魄有知，永感圣主怜才之意。

（《谢弟国华予恩谥折》）

在其咸丰十一年的《谢年终恩赏折》中几至通篇句句对仗。

(3) 神驰金钥，方殷向日之忱。

春到木兰，忽荷自天之宠。

奎章璀璨，妙八法以垂型；

天语吉祥，综九畴而锡福。

双鱼迭佩，恩愈华衮之荣；

百贝分颁，赏溢俸钱之数。

(4) 饼香风暖，饫甘而枣核同怀。

粉洁云敷，表素而莲心共挹。

我们看到，曾国藩的对句也不全是标准的四六模式。有前四后七，有前四后八，甚至还有前五后九；借此对照贾思勰的所用对句，应该和王勃、曾国藩的情形极为相似。

1. 圣人不耻身之贱也，愧道之不行也；
不忧生命之短也，而忧百姓之穷。

2. 禹为治水，以身解于阳盱之河；
汤由苦旱，以身祷于桑林之祭。

特别指出，这个对句三国时应璩的《与广川岑文瑜书》中曾用过："夏禹之解阳盱，殷汤之祷桑林"，应该是应璩的化用。应璩在由辞赋向骈文的发展中是个关键人物。

1. 赵国始为牛耕，实胜耒耜之利；
蔡伦立意造纸，岂方缣、牍之烦？

2. 丛林之下，为仓廪之坻；
鱼鳖之堀，为稼穑之场。

3. 李悝为魏文侯作尽地力之教，国以富强；
秦孝公用商君急耕战之赏，倾邻国而雄诸侯。

此句虽上下两句字数不等，但属意对，亦应算作对句。

注释

本册中所引例句均出自缪启愉、缪桂龙《〈齐民要术〉译注》(上海古籍出版社 2009 年 3 月第 1 版)，例句标示页码均依据该书。

参考文献

班固.1999.汉书［M］.北京：中华书局.

陈寿.1999.三国志［M］.北京：中华书局.

房玄龄，等.1999.晋书［M］.北京：中华书局.

贾效孔.2005.寿光考古与文物［M］.北京：中国文史出版社.

金景芳.2013.周易［M］.长春：吉林人民出版社.

李翰章.2011.曾文正公文集［M］.北京：中国书社.

李延寿.1999.北史［M］.北京：中华书局.

李延寿.1999.南史［M］.北京：中华书局.

梁家勉.1982.有关《齐民要术》若干问题的探讨（农史研究）［M］.北京：农业出版社.

刘麟生.1996.中国骈文史［M］.北京：东方出版社.

刘师培.1959.中国古代文学史［M］.北京：人民文学出版社.

刘勰.1958.文心雕龙注（范文澜注）［M］.北京：人民文学出版社.

缪启愉，缪桂龙.2009.齐民要术译注［M］.上海：上海古籍出版社.

缪启愉.2008.齐民要术导读［M］.北京：中国国际广播出版社.

沈约.1999.宋书［M］.北京：中华书局.

石声汉.1957.《齐民要术》今释［M］.北京：科学出版社.

释土，释谷.1956.甲骨文字杂考［M］.福州：福建师范学院.

司马迁.1999.史记［M］.北京：中华书局.

孙金荣.2015.齐民要术研究［M］.北京：中国农业出版社.

万丽华，蓝旭（译注）.2006.孟子［M］.北京：中华书局.

汪维辉.2007.《齐民要术》词汇语法研究［M］.上海：上海教育出版社.

王秀梅（译注）.2006.诗经［M］.北京：中华书局.

萧子显.1999.南齐书［M］.北京：中华书局.

徐莹，李昌武.2013.贾思勰与《齐民要术》研究论集［M］.济南：山东人民出版社.

徐宗元.1945.中国农业起源考·农字说［J］.乡土杂志.

杨萍.1996.尚书［M］.长春：吉林人民出版社.

姚思廉.1999.陈书［M］.北京：中华书局.

姚思廉.1999.梁书［M］.北京：中华书局.

张仁青.2009.骈文学［M］.中国台北：文史哲出版社.

张燕婴（译注）.2006.论语［M］.北京：中华书局.

钟涛.1997.六朝骈文形式及其文化意蕴［M］.北京：东方出版社.

朱熹.2010.四书章句集注［M］.北京：中华书局.

庄周.2005.庄子［M］.北京：北京燕山出版社.

后记

作者系中专、高中高特级语文教师，现已退休。因对乡贤中华农圣贾思勰万分景仰，于是加入寿光市齐民要术研究会。《齐民要术》是世界公认的农学名著，它博大精深，包罗万象，是百科全书式科技专著。如何找准切入点，为贾学研究做点贡献，故按照各自的专业方向及兴趣爱好，对该书的语言进行一番研读，写成这本小册子，名为《〈齐民要术〉语言特色研究》。

应当承认，《齐民要术》一书追求浅近易懂，“不尚浮辞”。但因贾氏所处时代和他学养厚重之故，所述专业技术术语、方言、土话充满全书，从而增加此书阅读上的难度。21 世纪开启以来，《齐民要术》语言研究已有所破题，语言大家汪维辉教授已撰著《〈齐民要术〉词汇语法研究》大部头著作，全国高等院校不少研究生，将其内容列入博士、硕士论文选题，进行专项探究，且取得不少成果。但相比该书其他内容研究，仍属薄弱环节，有必要再作努力。

笔者不揣浅陋，也对这项内容进行初步研读。其分工是：刘效武负责全册总体设计，撰写前言、后记，承担第一章、第二章、第四章撰写任务；陈伟华负责第三章和第五章撰写，尤其对《齐民要术 · 序》的骈体特征，进行全面深入的解读，颇有启发作用。

作者皆属“半路出家”的贾学草根学人，对农学专业知识所知甚少，再加资料欠缺，时间仓促，错误在所难免，敬请方家批评指正。

刘效武

2016 年 8 月